CAMBRIDGE LIBRARY COLLECTION

Books of enduring scholarly value

Life Sciences

Until the nineteenth century, the various subjects now known as the life sciences were regarded either as arcane studies which had little impact on ordinary daily life, or as a genteel hobby for the leisured classes. The increasing academic rigour and systematisation brought to the study of botany, zoology and other disciplines, and their adoption in university curricula, are reflected in the books reissued in this series.

Exposition méthodique des genres de l'ordre des polypiers

A professor of natural history at Caen and a member of the Académie des Sciences, Jean Vincent Félix Lamouroux (1779–1825) made significant contributions to the field of marine biology. Following the appearance in 1816 of his *Histoire des polypiers corralligènes flexibles*, he published in 1821 the present work, drawing upon John Ellis and Daniel Solander's seminal *Natural History of Many Curious and Uncommon Zoophytes* (1786). It divides more than 130 genera known at the time into twenty groupings. Taxonomy has progressed considerably since Lamouroux's day, yet this work, complete with eighty-four exquisitely drawn plates, serves to illuminate the contemporary understanding and classification of some remarkable marine organisms, principally those which take the form of polyps, such as corals. Moreover, a copy of this work is known to have been consulted by Charles Darwin aboard the *Beagle* on his famous voyage of discovery the following decade.

Cambridge University Press has long been a pioneer in the reissuing of out-of-print titles from its own backlist, producing digital reprints of books that are still sought after by scholars and students but could not be reprinted economically using traditional technology. The Cambridge Library Collection extends this activity to a wider range of books which are still of importance to researchers and professionals, either for the source material they contain, or as landmarks in the history of their academic discipline.

Drawing from the world-renowned collections in the Cambridge University Library and other partner libraries, and guided by the advice of experts in each subject area, Cambridge University Press is using state-of-the-art scanning machines in its own Printing House to capture the content of each book selected for inclusion. The files are processed to give a consistently clear, crisp image, and the books finished to the high quality standard for which the Press is recognised around the world. The latest print-on-demand technology ensures that the books will remain available indefinitely, and that orders for single or multiple copies can quickly be supplied.

The Cambridge Library Collection brings back to life books of enduring scholarly value (including out-of-copyright works originally issued by other publishers) across a wide range of disciplines in the humanities and social sciences and in science and technology.

Exposition méthodique des genres de l'ordre des polypiers

Avec leur description et celle des principales espèces, figurées dans 84 planches, les 63 premières appartenant à l'histoire naturelle des zoophytes d'Ellis et Solander

Jean Vincent Félix Lamouroux

CAMBRIDGE
UNIVERSITY PRESS

CAMBRIDGE
UNIVERSITY PRESS

University Printing House, Cambridge, CB2 8BS, United Kingdom

Published in the United States of America by Cambridge University Press, New York

Cambridge University Press is part of the University of Cambridge.
It furthers the University's mission by disseminating knowledge in the pursuit of
education, learning and research at the highest international levels of excellence.

www.cambridge.org
Information on this title: www.cambridge.org/9781108067171

© in this compilation Cambridge University Press 2014

This edition first published 1821
This digitally printed version 2014

ISBN 978-1-108-06717-1 Paperback

EXPOSITION MÉTHODIQUE

DES GENRES

DE L'ORDRE DES POLYPIERS.

Ouvrages du même auteur, que l'on trouve chez Madame veuve AGASSE.

Dissertations sur plusieurs espèces de Fucus peu connues ou nouvelles ; 1 vol. in-4°, 36 planches. . . . . 15 fr.

    Papier vélin. 25

Histoire des Polypiers coralligènes flexibles ; 1 vol. in-8°, 19 planches. 20

    Papier vélin. 40

Il ne reste qu'un très-petit nombre d'exemplaires de ces deux ouvrages.

EXPOSITION MÉTHODIQUE

DES GENRES

DE L'ORDRE DES POLYPIERS,

AVEC LEUR DESCRIPTION ET CELLE DES PRINCIPALES ESPÈCES, FIGURÉES DANS 84 PLANCHES; LES 63 PREMIÈRES APPARTENANT A L'HISTOIRE NATURELLE

DES ZOOPHYTES D'ELLIS ET SOLANDER.

Par J. LAMOUROUX, D. E. S.,

Professeur d'Histoire naturelle à l'Académie royale de Caen, Correspondant de l'Institut royal de France, Membre de l'Académie des sciences, arts et belles-lettres d'Agen, de celle de Caen, de la Société d'Agriculture et de Médecine de la même ville, Correspondant des Académies royales de Madrid, de Turin, et de Médecine de Paris, des Sociétés Philomatique et Philotechnique de Paris ; de la Société Physiographique de Lund ; de celles de Bordeaux, Toulouse, etc.

A PARIS,

Chez Mme Veuve AGASSE, Imprimeur-Libraire, rue des Poitevins, n° 6.

1821.

PRÉFACE.

L'histoire naturelle des Zoophytes de J. Ellis, publiée en 1786, plusieurs années après sa mort, par le D^r. Solander, est un des meilleurs et des plus beaux ouvrages qui aient paru sur les polypiers. La beauté et la parfaite exécution des dessins ne laissent rien à desirer ; les descriptions faites par Ellis et corrigées par Solander sont remarquables par leur exactitude autant que par leur précision ; enfin les classifications systématiques des objets diffère peu de celle que des zoologistes regardent comme la plus naturelle.

A l'époque où cet ouvrage parut, l'Essai sur les Corallines d'Ellis et l'*Elenchus Zoophytorum* de Pallas renfermaient tout ce que l'on savait sur ces animaux ; mais les sciences ont fait tant de progrès que ces auteurs ne suffisent plus ; maintenant il faut étudier les naturalistes modernes qui se sont occupés spécialement de cette partie ; tels que MM. de Lamarck, célèbre par ses hypothèses philosophiques et ingénieuses, Bosc son émule en zoologie et en botanique, Cavolini, Savigny, Desmarest, Moll, etc. La plupart de leurs ouvrages sont incomplets ou manquent de gravures ; et comme il n'existe point de livre qui en renferme autant que l'Histoire naturelle des Zoophytes d'Ellis et Solander (1), le possesseur des cuivres s'est décidé à en donner une nouvelle édition. Chargé de cet ouvrage, j'ai ajouté le nombre de planches nécessaires pour figurer tous les genres de polypiers que les zoologistes nous ont fait connaître, ainsi que ceux que renferment les riches collections de la Capitale.

---

(1) Esper, dans ses *Icones Zoophytorum*, a donné beaucoup plus de figures qu'Ellis ; mais cet ouvrage n'étant qu'une compilation inexacte et mauvaise des auteurs qui l'ont précédé, ne peut se comparer à celui d'Ellis. Son prix très-élevé ne le met à la portée que d'un petit nombre de naturalistes.

Une phrase courte et précise donne les caractères propres à chaque genre; elle est suivie de la description d'une ou de plusieurs espèces, choisies parmi les inédites parfaitement caractérisées, ou parmi celles qui sont décrites dans les ouvrages les plus répandus. Je n'ai copié les figures données par les auteurs que lorsqu'il m'a été impossible, faute d'objets, d'agir différemment.

Toutes les descriptions sont en français, je les ai faites presque toujours sur les objets mêmes. Pour augmenter les moyens de déterminer cette classe d'êtres, j'ai ajouté comme synonyme la phrase latine de M. de Lamarck, ou d'Ellis et Solander, etc. etc.

La synonymie est loin d'être complète; j'ai cru devoir me borner aux ouvrages principaux sur cette partie, tels que ceux de M. de Lamarck, d'Ellis, de Pallas, d'Esper, etc.

Toutes les fois que des auteurs ont indiqué des localités différentes et éloignées les unes des autres, pour la même espèce, je les ai cités, afin que les naturalistes puissent trouver de nouveaux faits à ajouter à ce que l'on sait déjà sur la géographie des animaux.

J'ai donné des notes explicatives lorsqu'elles m'ont paru nécessaires pour éclairer la synonymie souvent embrouillée des auteurs.

Un grand nombre de polypiers fossiles sont mentionnés dans ce GENERA POLYPARIORUM; on les trouve dans toutes les formations où il existe des débris de productions marines, dans les plus anciennes comme dans les modernes; elles sont soumises aux mêmes lois que les autres fossiles. L'étude de ces polypiers offre au géologue le même intérêt que celle des coquilles; elle peut lui servir à déterminer l'ordre des formations, à reconnaître celles qui doivent leur existence à la même série de phénomènes; les environs de Caen, de Périgueux, de Dax, etc., sont très-riches en polypiers fossiles de la plus belle conservation.

Enfin j'ai classé ces productions animales d'après une méthode composée

de celle de M. de Lamarck pour les polypiers pierreux, et de celle que j'ai
publiée sur les polypiers flexibles ou non pierreux avec quelques change-
ments. Cette méthode présente ces êtres dans l'ordre le moins systématique.

Une classification naturelle fondée sur une échelle de gradation dans l'organisation des polypiers me semble impossible à établir, tant que l'on ne connaîtra pas les polypes sous les rapports anatomiques et physiologiques,
comme l'on connaît les mammifères, les oiseaux, etc. Malgré les travaux de
Cavolini, d'Ellis, de Bosc, de Savigny, de Desmarest, nous ne savons
rien, ou presque rien, sur l'organisation des polypes. Les animaux de cette
classe que j'ai observés me confirment de plus en plus dans l'opinion que
j'ai émise en 1810 et 1812, à l'Académie royale des sciences de Paris, et
que d'autres ont répété depuis. J'ai dit, alors, que les polypes à polypiers ne
pouvaient en aucune manière se comparer aux Hydres d'eau douce, sous le
rapport de l'organisation ; qu'ils étaient plus voisins qu'on ne le pensait de
la nombreuse famille des Mollusques, et qu'avec le temps on en ferait peut-
être une division de cette grande classe. Les nouvelles observations que
les circonstances m'ont permis de faire me confirment dans cette idée, et je
ne doute plus que les animaux des polypiers ne soient des êtres aussi com-
pliqués dans leur organisation que les Mollusques ascidiens ; les Acétabulariées et les Corallinées sont encore pour quelques naturalistes des êtres dou-
teux, je les regarde comme des animaux appartenants à la même classe que
les autres polypiers. Malgré ces observations, je crois devoir dire que ce
n'est encore qu'une hypothèse que le temps détruira ou confirmera. Ce
qu'il y a néanmoins de certain, c'est que les polypes des polypiers cellu-
lifères semblent fixés par l'extrémité inférieure de leur corps, dans une cellule non irritable, que ceux des corticifères et des polypiers sarcoïdes sont
enveloppés dans une membrane irritable comme dans un manteau adhérant au bord de la cellule ou tapissant ses parois, et se prolongeant
dans le polypier entre l'écorce et l'axe : l'on pourrait comparer cette membrane au sac membraneux des Ascidies ou au manteau des Mollusques. Ce

caractère, auquel une foule d'autres doivent être subordonnés, me paraît du plus grand intérêt; j'ignore s'il existe dans les polypiers entièrement pierreux, jamais je n'en ai observé de vivants; l'analogie et le raisonnement me portent à le croire. On peut prendre une idée de l'enveloppe membraneuse des polypes à polypiers sarcoïdes dans les *figures* 3 et 4, *planche* 75 de cet ouvrage; ils appartiennent à l'*Alcyonium lobatum*.

Cette exposition méthodique des genres de l'ordre des polypiers peut être considérée comme un GENERA POLYPARIORUM aussi complet que les connaissances actuelles ont permis de le faire; ou bien comme une nouvelle édition de l'Histoire naturelle des Zoophytes d'Ellis et Solander, entièrement refondue et très-augmentée. J'aurais desiré la rendre plus riche en espèces et en genres nouveaux si nombreux dans la nature, et cependant si rares dans nos collections; telle qu'elle est, je crois qu'elle sera de quelque utilité aux amateurs des sciences naturelles, en leur donnant les moyens de reconnaître et de classer facilement des êtres dont les singulières habitations embellissent nos Musées, sont employées dans tous les pays aux différents usages de la vie, qui forment chaque jour des îles nouvelles au milieu de l'immense Océan pacifique, et qui semblent avoir été destinées à exhausser le fond des mers, à en combler peu à peu le vaste bassin.

Nota. Le Supplément renferme les espèces et les genres que j'ai reçus ou trouvés depuis que l'impression de cet ouvrage est commencée.

————————

TABLEAU

TABLEAU MÉTHODIQUE DES GENRES.

PREMIERE DIVISION. POLYPIERS FLEXIBLES, OU NON ENTIÈREMENT PIERREUX.

PREMIÈRE SECTION. POLYPIERS CELLULIFÈRES.
Polypes dans des cellules non irritables.

Ordre Ier. CELLIFORÉES, ... : Tubulipore. Cellépore.

Ordre II. FLUSTRÉES, ... : Bérénice. Phéruse. Eléerine. Flustre. Electre.

Ordre III. CELLARIÉES, . . . : Cellaire. Cabérée. Canda. Acamarchis. Crisie. Ménipée. Loricaire. Eucratée. Alecto. Lafée. Hippothoé. Acétée.

Ordre IV. SERTULARIÉES, . . . : Pasythée. Amathie. Nemertésie. Aglaophénie. Dynamène. Sertulaire. Idie. Entalophore. Clytie. Laomédée. Thoée. Salacie. Cymodocée. Amphitoite.

Ordre V. TUBULARIÉES, ... : Tibiane. Naïs. Tubulaire. Cornulaire. Telesto. Liagore. Néoméris.

DEUXIÈME SECTION. POLYPIERS CALCIFÈRES.
Substance calcaire mêlée avec la substance animale ou la recouvrant, apparente dans tous les états.

Ordre VI. ACÉTABULARIÉES, . . : Acétabulaire. Polyphyse.

Ordre VII. CORALLINÉES, . . . : Galaxaure. Nésée. Janie. Coralline. Cymopolie. Amphiroé. Halimède. Udotée.

TROISIÈME SECTION. POLYPIERS CORTICIFÈRES,
Composés de deux substances, une extérieure et enveloppante, nommée écorce ou encroûtement; l'autre appelée axe, placée au centre et soutenant la première.

Ordre VIII. SPONGIÉES, . . . : Eglydatie. Eponge.

Ordre IX. GORGONIÉES, ... : Anadyomène. Antipathe. Gorgone. Plexaure. Eunicée. Muricée. Primnos. Corail.

Ordre X. ISIDÉES, ... : Mélitée. Mopsée. Isis.

SECONDE DIVISION. POL. ENTIÈREMENT PIERREUX ET NON FLEXIBLES.

PREMIÈRE SECTION. POLYPIERS FORAMINÉS.
Cellules petites, perforées, presque tubuleuses, non garnies de lames.

Ordre XI. ESCHARÉES. . . . . : Adéone. Eschare. Rétépore. Discopore. Obélie. Celléporaire.

Ordre XII. MILLÉPORÉES. . . . : Ovulite. Rétéporite. Lunulite. Orbulite. Ocellaire. Mélobésie. Eudée. Alvéolite. Distichopore. Hornère. Krusensterne. Tilésie. Théonée. Chrysaore. Millépore. Térébellaire. Spiropore. Idmonée.

DEUXIÈME SECTION. POLYPIERS LAMELLIFÈRES.
Pierreux, offrant des étoiles lamelleuses, ou des sillons ondés, garnis de lames.

Ordre XIII. CARYOPHYLLIAIRES. : Caryophyllie. Turbinolopse. Turbinolie. Cyclolite. Fongie.

Ordre XIV. MÉANDRINÉES. . . . : Pavone. Ajsendésie. Agarice. Méandrine. Monticulaire.

Ordre XV. ASTRÉES. . . . . . : Echinopore. Explanaire. Astrée.

Ordre XVI. MADRÉPORÉES. . . . : Porite. Sériatopore. Pocillopore. Madrépore. Sculine. Styline. Sarcinule.

TROISIÈME SECTION. POLYPIERS TUBULÉS.
Pierreux, formés de tubes distincts et parallèles.

Ordre XXVII. TUBIPORÉES. . . : Caténipore. Favosite. Eunomie. Tubipore.

TROISIEME DIVISION. POL. SARCOÏDES PLUS OU MOINS IRRITABLES ET SANS AXE CENTRAL.

Ordre XVIII. ALCYONÉES. . . . : Alcyon. Lobulaire. Ammothée. Xénie. Anthélie. Alcyonidie. Alcyonelle. Halirhoé.

Ordre XIX. POLYCLINÉES. . . . : Distome. Sigilline. Synoïque. Aplide. Polycline. Didemne. Eucélie. Botrylle.

Ordre XX. ACTINAIRES. . . . . : Chenendopore. Hypalime. Lymnorée. Pélagie. Montivaltie. Isaure. Iérée.

The material originally positioned here is too large for reproduction in this reissue. A PDF can be downloaded from the web address given on page iv of this book, by clicking on 'Resources Available'.

EXPOSITION MÉTHODIQUE
DES POLYPIERS.

PREMIÈRE DIVISION.

POLYPIERS FLEXIBLES OU NON ENTIÈREMENT PIERREUX.

PREMIÈRE SECTION.

POLYPIERS CELLULIFÈRES.

Polypes dans des cellules non irritables.

ORDRE PREMIER.

CELLÉPORÉES.

Polypiers membrano-calcaires, encroûtants ; cellules sans communication entre elles, ne se touchant que par leur partie inférieure, ou seulement par leur base ; ouverture des cellules au sommet, latérale ou resserrée ; polypes isolés.

TUBULIPORE. *Tubulipora.*

Polypier parasite ou encroûtant ; cellules submembraneuses, ramassées, fasciculées ou sériales, et en grande partie libres, alongées, tubuleuses, non renflées ; ouverture orbiculée, régulière, rarement dentée ; *de Lam. Anim. sans vert. tom. 2, pag. 161.*

T. TRANSVERSE. *T. transversa.*

Tab. 64, fig. 1.

T. cellules droites ou un peu courbées, courtes,

disposées en séries transversales, réunies par leur partie inférieure.

Millepora tubulosa ; *parasitica, cellulis tubuliformibus, seriebus transversè dispositis; Sol. et Ellis, pag. 136, n. 11.*

— *Gmel. Syst. nat. pag. 3790, n. 31.*

— *Ellis, Corall. pag. 90, tab. 27, fig. e. E.*

Millepora liliacea ; *Pall. Elench. pag. 248, n. 152.*

Tubipora serpens ; *Gmel. Syst. nat. pag. 3754, n. 3. (Excl. syn. Linn.)*

Tubulipore transverse ; *de Lam. Anim. sans vert. tom. 2, pag. 162, n. 1.*

Côtes de France et d'Angleterre ; Méditerranée.

CELLÉPORE. *Cellepora.*

Polypier à expansions crustacées ou subfoliacées, très-fragiles, munies sur leur surface extérieure de cellules urcéolées, ventrues, un peu saillantes, à une ou plusieurs ouvertures étroites, inégales, régulières ou irrégulières, au sommet des cellules, ou latérales. *Linn.*

Observ. Lorsque l'ouverture est au sommet de la cellule, elle est en général unique et régulière ; elle est irrégulière et accompagnée d'un ou de plusieurs petits trous lorsqu'elle est latérale.

Nota. Le caractère essentiel qui distingue les deux genres de Celléporées, se trouve dans la forme des cellules et dans celle de leur ouverture. Les cellules des Tubulipores ressemblent à des espèces de cornets à grande ouverture ; les cellules des Discopores sont presque campanulées ou favéolaires, l'ouverture est égale au diamètre de la cellule ; ces polypiers sont presque pier-

I

reux; enfin dans les Cellépores sont toutes les Celléporées à une seule ouverture rétrécie, située au sommet
de la cellule, ou à une ouverture latérale irrégulière,
accompagnée d'un ou de plusieurs petits trous. Je ne
doute point que l'on n'augmente le nombre des genres
des Celléporées lorsque ces productions seront mieux
connues; j'en ai figuré plusieurs espèces, afin de donner
une idée des différences que présentent ces polypiers.

Ce genre diffère de celui de M. de Lamarck, qui ne
renferme en grande partie que des polypiers entièrement pierreux.

C. DE MANGNEVILLE. *C. mangnevillana.*

Tab. 64, fig. 2, 3.

C. surface des cellules couverte de tubercules
invisibles à l'œil nu, placés en lignes verticales;
Lam. Hist. polyp. pag. 89, *pl.* 1, *fig.* 3, *a. B.*

C. superficie cellularum verrucosâ.

Baie de Cadix.

Nota. J'ai dédié ce polypier à mon ami M. Henri de
Mangneville, à qui l'on doit la majeure partie des polypiers fossiles que l'on a trouvés aux environs de Caen,
et une connaissance exacte du terrain qui les renferme.

C. OVOÏDE. *C. ovoïdea.*

Tab. 64, fig. 4, 5.

C. cellules en forme d'œuf, avec une petite ouverture ronde, réunies en une plaque arrondie,
saillante environ d'un demi-millimètre, et située
sur les feuilles de quelques fucus de l'Australasie; *Lam. Hist. polyp. pag.* 89, *n.* 172, *pl.* 1,
fig. 1, *a. B.*

C. cellulis ovatis, ore pumilo rotundo.

Océan austral.

C. LABIÉE. *C. labiata.*

Tab. 64, fig. 6 — 9.

C. cellules ovoïdes, rayonnantes, imbriquées;
ouverture grande, latérale, à deux lèvres, la supérieure en voûte, l'inférieure plus courte et re-
dressée; *Lam. Hist. polyp. pag.* 89, *n.* 174, *pl.* 1,
fig. 2, *a. B. C. D.*

*C. cellulis ovoïdeis, radiatis, imbricatis; ore
labiato.*

Australasie.

C. SPONGITE. *C. spongites.*

Tab. 41, fig. 3.

C. base encroûtante, couverte d'expansions tubuleuses, turbinées, irrégulières, diversement divisées et coalescentes; cellules sériales un peu
ventrues, à ouverture orbiculaire ou semi-orbi-
culaire.

Millepora spongites; *fragilissima; cellulis seriatis, lamellis simplicibus, tubuloso - turbinatis,
variè coalescentibus; Sol. et Ellis, pag.* 132, *n.* 5.

Eschara spongites; *Pall. Elench. pag.* 45, *n.* 11.

Cellepora spongites; *Gmel. Syst. nat. pag.* 3791,
n. 2.

— *Esper, Zooph.* 1, *tab.* 3.

Méditerranée, Amérique, *Pallas;* Groenland,
Gmelin.

C. AILÉE. *C. alata.*

Tab. 64, fig. 10 A. 11.

C. cellules réunies en anneaux nombreux presque imbriqués, et formant une sorte d'écorce sur
les tiges du *Ruppia antarctica,* gibbeuses inférieurement, avec deux appendices ptéroïdes sur leur
partie moyenne et latérale; ouverture ronde avec
un tubercule très-gros et mamilliforme de chaque
côté.

*C. cellulis verticillatis, ventricosis, lateraliter
alatis; ore rotundo tuberculoso.*

Australasie, terre de Lewin.

Reçu de M. de Labillardière.

ORDRE DEUXIÈME.

FLUSTRÉES.

Polypiers membrano-calcaires, quelquefois encroûtants, souvent phytoïdes; à cellules sériales,
plus ou moins anguleuses, accolées dans presque
toute leur étendue, mais sans communication apparente entre elles, et disposées sur un ou plusieurs plans.

Observ. Les cloisons latérales des cellules sont en

général perpendiculaires au plan sur lequel elles sont établies.

Lam. Hist. polyp. pag. 84.

Nota. C'est à tort que j'avais placé les genres *Phéruse, Electre* et *Elzerine* parmi les Cellariées : ils appartiennent aux *Flustrées.*

PHÉRUSE. *PHERUSA.*

Polypier frondescent, multifide ; cellules oblongues, un peu saillantes et sur une seule face ; ouverture irrégulière ; bord contourné ; substance membraneuse et très flexible ; *Lam. Hist. polyp. pag.* 117.

PH. TUBULEUSE. *Ph. tubulosa.*
Tab. 64, fig. 12 — 14.

Ph. cellules oblongues, tubuleuses, ayant leur extrémité un peu saillante ; *Lam. Hist. polyp. pag.* 119, *n.* 231, *pl.* 2, *fig.* 1, *a. B. C.*

Flustra tubulosa ; *adnata, membranacea ; cellulis simplicibus, ovato-oblongis ; osculis tubulosis erectis; Sol. et Ellis, pag.* 17, *n.* 11.

—— *Esper. Zooph. tab.* 9, *fig.* 1, 2.

Saint-Domingue, *Ellis* ; Méditerranée, *Cavollini* ; Portugal, Brésil, Archipel de la Chine, *Tilesius.*

Nota. Je doute fort que la même espèce se trouve dans des localités si différentes.

ELZÉRINE. *ELZERINA.*

Polypier frondescent, dichotome, cylindrique, non articulé ; cellules grandes, éparses, presque point saillantes ; ouverture ovale ; *Lam. Hist. polyp. pag.* 122.

E. DE BLAINVILLE. *E. Blainvillii.*
Tab. 64, fig. 15, 16.

E. cellules grandes, éparses, membraneuses ; *Lam. Hist. polyp. pag.* 123, *n.* 233, *pl.* 2, *fig.* 3, *a. B.*

E. frondescens, dichotoma, teres ; cellulis sub-exsertis, sparsis.

Australasie.

Nota. J'ai dédié ce polypier à mon ami M. de Blainville, D. m. naturaliste distingué.

FLUSTRE. *FLUSTRA.*

Polypier encroûtant ou foliacé, composé de cellules tubulées, courtes, accolées les unes aux autres dans toute leur longueur, disposées par séries sur un seul plan, ou sur deux plans opposés ; ouverture en général irrégulière avec le bord garni d'un ou de plusieurs appendices.

Flustra ; *Ellis, Gmel., de Lam., etc.*

Eschara ; *Pall., Bruguière.*

FL. FOLIACÉE. *Fl. foliacea.*
Tab. 2, fig. 8.

Fl. rameuse ; divisions flabelliformes ou polymorphes ; *Lam. Hist. polyp. pag.* 102, *n.* 192.

Fl. foliacea, ramosa ; laciniis cuneiformibus rotundatis; Sol. et Ellis, pag. 12, *n.* 2.

—— *Gmel. Syst. nat. pag.* 3826, *n.* 1.

—— *Esper, Zooph. tab.* 1, *fig.* 1, 2.

—— *de Lam. Anim. sans vert. tom.* 2, *pag.* 156, *n.* 1.

Mers d'Europe.

FL. BOMBYCINE. *Fl. bombycina.*
Tab. 4, fig. *b*, B. B 1.

Fl. floridescente ; divisions obtuses, dichotomes ou trichotomes ; cellules arrondies ; *Lam. Hist. polyp. pag.* 103, *n.* 196.

Fl. frondescens ; frondibus obtusis, dichotomis et trichotomis, confertis, radicantibus, uno tantùm strato cellulosis; Sol. et Ellis, pag. 14, *n.* 6.

—— *Gmel. Syst. nat. pag.* 3828, *n.* 9.

—— *de Lam. Anim. sans vert. pag.* 157, *n.* 3.

Mers des Indes et d'Amérique.

FL. CARBASSÉE. *Fl. carbacea.*

Tab. 3, fig. 6, 7.

Fl. foliacée, dichotome, obtuse au sommet; cellules alongées; *Lam. Hist. polyp. pag.* 104, *n.* 197.

Fl. foliacea, dichotoma; cellulis uno strato dispositis; Sol. et Ellis, pag. 14, *n.* 5.

— *Gmel. Syst. nat. pag.* 3828, *n.* 8.

Flustre voile; *de Lam. Anim. sans vert. tom.* 2, *pag.* 157, *n.* 4.

Côtes d'Ecosse, *Ellis;* Calvados, *Lam.*

FL. ARÉNEUSE. *Fl. arenosa.*

Fl. en entonnoir, crustacée, friable; cellules simples presque en échiquier.

Fl. crustacea, arenosa, lutosa; poris simplicibus subquincuncialibus; Sol. et Ellis, pag. 17, *n.* 10.

— *Ellis, Corall. pag.* 89, *tab.* 25, *fig. e.*

— *Gmel. Syst. nat. pag.* 3829, *n.* 13.

— *Trans. Linn. tom.* 5, *pag.* 230, *tab.* 10.

— *Lam. Hist. polyp. pag.* 111, *n.* 220.

Discopore crible; *de Lam. Anim. sans vert. tom.* 2, *pag.* 167, *n.* 4.

Mers d'Europe.

Nota. M. Henri Boyle, auteur du Mémoire inséré dans les *Transactions linnéenes,* prétend que cet objet est le nid de quelque animal marin; car il a trouvé, dit-il, les cellules entières avec des œufs dans leur intérieur. Malgré cette assertion, j'ai cru devoir conserver cette production marine dans le genre *Flustra* jusqu'à ce qu'elle soit mieux connue, quoique je sois bien convaincu qu'elle diffère des polypiers de ce groupe, et qu'elle ne peut se rapporter ni aux *Eschares,* ni aux *Discopores.* Je n'en fais mention dans ce *Genera* que pour fixer l'attention des naturalistes sur cet être singulier, commun sur les côtes des départements de la Manche, du Calvados, de la Seine-Inférieure, etc.

ÉLECTRE *Electra.*

Polypier rameux, dichotome, comprimé; cellules campanulées, ciliées en leurs bords et verticillées; *Lam. Hist. polyp. pag.* 120.

Flustra; *Gmel., Ellis, de Lam.*

Sertularia; *Esper.*

É. VERTICILLÉE. *E. verticillata.*

Tab. 4, fig. a, A.

E. cellules campanulées, ciliées en leurs bords, et disposées en verticilles presque imbriqués, les uns au-dessus des autres; *Lam. Hist. polyp., pag.* 121, *n.* 232, *pl.* 2, *fig. a, B.*

Flustra verticillata; adnata, sæpè frondescens; frondibus linearibus, subcompressis, basi attenuatis; cellulis turbinatis ciliatis, seriebus altera super alteram dispositis; Sol. et Ellis, pag. 15, *n.* 7.

— *Gmel. Syst. nat. pag.* 3828, *n.* 10.

Sertularia verticillata; *Esper, Zooph. Suppl.* 2, *tab.* 26, *fig.* 1, 2.

Flustre verticillée; *de Lam. Anim. sans vert. tom.* 2, *pag.* 159, *n.* 11.

Mers d'Europe.

Nota. Ce polypier encroute quelquefois les plantes marines, et alors il prend leur forme.

ORDRE TROISIÈME.

CELLARIÉES.

Polypiers phytoïdes, souvent articulés, planes, comprimés ou cylindriques; cellules communiquant entre elles par leur extrémité inférieure; ouverture en général sur une seule face; bord avec un ou plusieurs appendices sétacés sur le côté externe; point de tige distincte; *Lam. Hist. polyp. pag.* 117.

CELLAIRE. *Cellaria.*

Polypier phytoïde, articulé, cartilagineux, cylindrique et rameux; cellules éparses sur toute la surface.

— *Ellis, de Lam.,* etc.

Cellularia; *Pall., Brug.*

Sertularia; *Gmel.*

C. SALICOR. *C. salicornia.*

C. tige articulée, dichotome; articulations presque cylindriques, parsemées de cellules rhomboïdales et nues; *Lam. Hist. polyp. pag.* 126, *n.* 235.

Cellaria farciminoïdes; *articulata, dichotoma; articulis subcylindricis, cellulis rhombeis obtectis; Sol. et Ellis, pag.* 26, *n.* 13.

—— *Ellis. Corall. pag.* 60, *tab.* 23, *fig. a, A.*

Tubularia fistulosa; *Gmel. Syst. nat. pag.* 3831, *n.* 3.

Mers d'Europe; Océan indien?

C. CIERGE. *C. cereoïdes.*
Tab. 5, fig. b, c, B. C. D. E.

C. tige rameuse; articulations presque cylindriques, couvertes de cellules terminées par des orifices saillants; *Lam. Hist. polyp. pag.* 127, *n.* 237.

C. articulata, ramosa; articulis subcylindricis; osculis cellularum undiquè prominulis; Sol. et Ellis, pag. 26, *n.* 14.

Cellularia opuntioïdes; *Pall. Elench. pag.* 61, *n.* 20.

Sertularia cereoïdes; *Gmel. Syst. nat. pag.* 3862, *n.* 71.

S. opuntioïdes; *Gmel. Syst. nat. pag.* 3863, *n.* 77.

Cellaire céréoïde; *de Lam. Anim. sans vert. tom.* 2, *pag.* 135, *n.* 2.

Méditerranée, *Ellis*; Océan indien, *Pall.*

Nota. Bruguières, dans l'*Encyclopédie méthodique, pag.* 446, *n.* 3, a réuni le *Cellaria cereoïdes* d'Ellis, au *Cellularia opuntioïdes* de Pallas, quoique ces deux polypiers se trouvent dans des mers très-éloignées les unes des autres; les grandes connaissances du zoologiste français m'ont engagé à suivre son opinion.

———

CABÉRÉE. *CABEREA.*

Polypier frondescent, articulé, cylindrique ou peu comprimé; cellules sur une seule face; face

opposée sillonnée; sillon longitudinal droit et pinné; *Lam. Hist. polyp. pag.* 128.

C. DICHOTOME. *C. dichotoma.*
Tab. 64, fig. 17, 18.

C. rameaux dichotomes, comprimés; cellules petites, nombreuses, convexes sur la partie postérieure du polypier, où elles produisent un sillon longitudinal avec des sillons latéraux et alternes; poils nombreux, assez longs et redressés sur les côtés des rameaux; *Lam. Hist. polyp. pag.* 130, *n.* 240, *pl.* 2, *fig.* 5. *a. B. C.*

C. ramis dichotomis, compressis, lateraliter pilosis.

Australasie.

———

CANDA. *CANDA.*

Polypier frondescent, flabelliforme, dichotome; rameaux réunis par de petites fibres latérales et horizontales; substance membrano-cornée et friable; *Lam. Hist. polyp. pag.* 131.

C. ARACHNOÏDE. *C. arachnoïdes.*
Tab. 64, fig. 19 — 22.

C. cellules alternes, tronquées supérieurement et sur une seule face; face postérieure marquée d'un sillon longitudinal, pinné et flexueux; *Lam. Hist. polyp. pag.* 132, *n.* 241, *pl.* 2, *fig.* 6, *a. B. C. D.*

C. frondescens, dichotoma, rigida, flabelliformis; ramis per fibrillas laterales et horizontales inter se conjunctis.

Sur les rochers de Timor.

———

ACAMARCHIS. *ACAMARCHIS.*

Polypier dichotome; cellules unies, alternes, terminées par une ou deux pointes latérales, avec une vésicule à leur ouverture; *Lam. Hist. polyp. pag.* 132.

Cellularia; *Pall.*

Cellaria ; *Ellis, de Lam.*

Sertularia ; *Gmel.*

A. NÉRITINE. *A. neritina.*

A. une seule dent au côté externe des cellules ; *Lam. Hist. polyp. pag.* 135, *n.* 242, *pl.* 3, *fig.* 2, *a. B.*

Cellaria neritina ; *dichotoma, ferruginea ; cellulis alternis unilateralibus, extrorsùm mucronatis ; ovulis subsetaceis, nitidis, interjectis, osculis margine subfusco cinctis ; Sol. et Ellis, pag.* 22, *n.* 2.

— *Ellis, Corall. pag.* 50, *tab.* 19, *fig. a, A. B. C.*

Sertularia neritina ; *Gmel. Syst. nat. pag.* 3859, *n.* 34.

S. — *Esper, Zooph. tab.* 13, *fig.* 1 — 3.

Méditerranée.

A. DENTÉE. *A. dentata.*

Tab. 65, fig. 1 — 3.

A. rameaux droits ou peu contournés ; deux dents aux côtés externes des cellules ; ouverture dentée ; *Lam. Hist. polyp. pag.* 135, *n.* 243, *pl.* 3, *fig.* 3, *a. B.*

A. cellulis lateraliter bidentatis ; ore dentato.

Cellaire néritine, var. B ; *de Lam. Anim. sans vert. tom.* 2, *pag.* 140, *n.* 22.

Australasie.

Nota. Ce polypier diffère de l'*Acamarchis neritina*, par les dents qui se trouvent à l'ouverture des cellules, par les rameaux plus nombreux peu ou point contournés, presque étalés en éventail et d'une couleur plombée ; M. de Lamarck ne le regarde cependant que comme une simple variété de l'*Acamarchis neritina*. Cette dernière, indiquée par Linné, Pallas, Gmelin, de Lamarck, etc. comme originaire des mers d'Amérique, est très-commune dans la Méditerranée. J'en ai reçu des côtes de France, d'Espagne, d'Italie et de Sicile ; j'ignore, faute de moyens d'observation, si elle ne diffère point de celle d'Amérique.

———————

CRISIE. *CRISIA.*

Polypier phytoïde, dichotome ou rameux ; cellules à peine saillantes, alternes, rarement oppo-

sées ; ouvertures sur la même face ; *Lam. Hist. polyp. pag.* 136.

Cellularia ; *Pall., Brug.*

Cellaria ; *Ellis, de Lam.*

Sertularia ; *Gmel.*

CR. IVOIRE. *Cr. eburnea.*

C. droite, articulée, rameuse ; nœuds bruns ou noirs ; cellules alternes, tronquées et un peu saillantes ; ovaires ovoïdes ; *Lam. Hist. polyp. pag.* 138, *n.* 244.

Cellaria eburnea ; *cellulis alternis, truncatis, prominulis ; ovariis gibbis rostratis ; ramis articulatis patulis ; Sol. et Ellis, pag.* 24, *n.* 7.

— *Ellis, Corall. pag.* 54, *tab.* 21, *fig. a, A.*

— *de Lam. Anim. sans vert. tom.* 2, *pag.* 138, *n.* 13.

Cellularia eburnea ; *Pall. Elench. pag.* 75, *n.* 33.

Sertularia eburnea ; *Gmel. Syst. nat. pag.* 3861, *n.* 39.

— *Esper, Zooph. Suppl.* 2, *tab.* 18, *fig.* 1, 2, 3.

Mers d'Europe.

CR. ÉLÉGANTE. *Cr. elegans.*

Tab. 65, fig. 4 — 7.

C. tiges se ramifiant avec grâce et par dichotomies nombreuses ; cellules en forme de lyre antique, au nombre de deux dans les parties inférieures des dichotomies, et de trois dans les supérieures ; grandeur, 3 à 4 centimètres ; couleur, blanc rosé.

C. caulibus eleganter ramosis, dichotomis ; ramis subarticulatis ; cellulis lyratis, 2 *in parte inferâ articulorum,* 3 *in superâ.*

Cap de Bonne-Espérance.

Reçu du D. Leach.

———————

MENIPÉE. *MENIPEA.*

Polypier phytoïde, rameux, articulé ; cellules

ayant leur ouverture du même côté, et réunies plusieurs ensemble en masse concaténée.; *Lam. Hist. polyp. pag.* 143.

Cellularia; *Pall., Brug.*

Cellaria; *Ellis, de Lam.*

Sertularia; *Gmel.*

Tubularia; *Esper.*

M. CIRREUSE. *M. cirrata.*
Tab. 4, fig. d, D. D 1.

M. tige très-rameuse, dichotome, courbée en dedans; articulations presque ovales, garnies de cils sur leur bord extérieur; *Lam. Hist. polyp. pag.* 145, *n.* 256.

Cellaria cirrata; *lapidea, articulata, ramosa, dichotoma, incurvàta; articulis subciliatis, ovato-truncatis, uno latere planis celliferis; Sol. et Ellis, pag.* 29, *n.* 17.

Cellularia crispa; *Pall. Elench. pag.* 71, *n.* 28.

Sertularia crispa; *Gmel. Syst. nat. pag.* 3860, *n.* 69.

— cirrata; *Gmel. Syst. nat. pag.* 3862, *n.* 74.

Tubularia cirrata; *Esper, Zooph. tab.* 7, *fig.* 1 — 3.

Cellaire cirreuse; *de Lam. Anim. sans vert. tom.* 2, *pag.* 141, *n.* 27.

Océan indien.

M. ÉVENTAIL. *M. flabellum.*
Tab. 4, fig. c, c 1. C. C 1.

M. tige rameuse, dichotome; articulations en forme de coin, entières, tronquées aux deux bouts; *Lam. Hist. polyp. pag.* 146, *n.* 257.

Cellaria flabellum; *lapidea, articulata, ramosa, dichotoma; articulis subcuneiformibus, uno latere cellulosis; Sol. et Ellis, pag.* 28, *n.* 16.

Sertularia flabellum; *Gmel. Syst. nat. pag.* 3862, *n.* 73.

Cellaire éventail; *de Lam. Anim. sans vert. tom.* 2, *pag.* 142, *n.* 28.

Iles de Bahama, *Ellis;* Océan indien, *Ellis?*

LORICAIRE. *LORICARIA.*

Polypier phytoïde, comprimé, articulé, très-rameux; rameaux nombreux presque dichotomes; chaque articulation composée de deux cellules adossées, jointes dans toute leur longueur; ouvertures latérales situées dans les parties supérieures des cellules, semblables à une cuirasse très-étroite à sa base.

Cellularia; *Pall.*

Cellaria; *Sol. et Ellis.*

Sertularia; *Gmel. Syst. nat.*

Crisia; *Lam.*

L. D'EUROPE. *L. europæa.*

L. rameaux déliés, flexibles et blanchâtres; ouverture de la cellule garnie d'un bourlet.

Cellaria loriculata; *cellulis oppositis, obliquè truncatis; ramosissima, dichotoma, articulata; Sol. et Ellis, pag.* 24, *n.* 8.

— *Ellis, Corall. pag.* 55, *tab.* 21, *fig. b, B.*

— *Pall. Elench. pag.* 64, *n.* 22.

Sertularia loriculata; *Gmel. Syst. nat. pag.* 3858. *n.* 31.

— *Esper, Zooph. tab.* 24, *fig.* 1 — 3.

Crisia loriculata; *Lam. Hist. polyp. pag.* 140, *n.* 250.

Mers d'Europe.

L. D'AMÉRIQUE. *L. americana.*
Tab. 65, fig. 8, 9.

L. rameaux très-nombreux, roides, plus gros que le poil de sanglier; articulations très-étroites à leur base; ouverture des cellules sans renflement ni prolongement; grandeur, un décimètre environ; couleur olive fauve, foncé.

L. ramis rigidis, crassis; articulis basi strictis; cellularum ore simplicissimo.

Sur le banc de Terre-Neuve, d'où il a été rapporté par M. de Laporte, capitaine de navire du port de Caen.

EUCRATÉE. *EUCRATEA.*

Polypier phytoïde articulé ; chaque articulation composée d'une seule cellule simple et arquée, avec un appendice sétacé ; ouverture oblique ; *Lam. Hist. polyp. pag.* 147.

Cellularia ; *Pall., Brug.*

Cellaria ; *Ellis, de Lam.*

Sertularia ; *Gmel.*

EU. CORNET. *Eu. chelata.*
Tab. 65, fig. 10.

E. très-fragile ; cellules en forme de cornet, avec l'ouverture oblique surmontée d'un cil moins long que la cellule ; *Lam. Hist. polyp. pag.* 149, *n.* 261, *pl.* 3, *fig.* 5, *A.*

Cellaria chelata ; *ramosa ; cellulis simplicibus, corniformibus, concatenatis ; ore marginato ; Sol. et Ellis, pag.* 25, *n.* 11.

— *Ellis, Corall. pag.* 57, *tab.* 22, *n.* 9, *fig. b, B.*

Cellularia chelata ; *Pall. Elench. pag.* 77, *n.* 35.

Sertularia loricata ; *Gmel. Syst. nat. pag.* 3861, *n.* 41.

Cellaire multicorne ; *de Lam. Anim. sans vert. tom.* 2, *pag.* 140, *n.* 18.

Mers d'Europe.

EU. CORNUE. *Eu. cornuta.*

Eu. cils plus longs que les cellules, et partant de l'articulation ; *Lam. Hist. polyp. pag.* 149, *n.* 260.

Cellaria cornuta ; *vesiculifera, ramosa, articulata ; cellulis simplicibus, tubulosis, curvatis, altera super alteram ; setâ ad osculum longissimâ ; Sol. et Ellis, pag.* 25, *n.* 10.

— *Ellis, Corall. pag.* 57, *tab.* 21, *fig. c, C.*

— *de Lam. Anim. sans vert. tom.* 2, *pag.* 139, *n.* 17.

Cellularia falcata ; *Pall. Elench. pag.* 76, *n.* 34.

Sertularia cornuta ; *Gmel. Syst. nat. pag.* 3861, *n.* 40.

— *Esper, Zooph. Suppl.* 2, *tab.* 19, *fig.* 1 — 3. Mers d'Europe.

EU. APPENDICULÉE. *Eu. appendiculata.*
Tab. 65, fig. 11.

Eu. cellule en forme de cornet à bouquin ; cil ou appendice partant de la base de la cellule, y adhérant dans toute sa longueur et la dépassant de beaucoup.

Eu. setâ juxta cellulam adherente et longiore.

Banc de Terre-Neuve.

Rapporté par le capitaine Laporte.

———————

LAFŒE. *LAFŒA.*

Polypier phytoïde, rameux ; tige fistuleuse, cylindrique ; cellules éparses, alongées, en forme de cornet à bouquin.

Nota. J'ai dédié ce genre à mon ami M. de Lafoye, professeur de mathématiques au collége d'Alençon, amateur zélé de botanique.

L. CORNET. *L. cornuta.*
Tab. 65, fig. 12 — 14.

L. (*Voyez la description du genre*) ; grandeur, environ un décimètre ; couleur olive, noirâtre par la dessication.

L. ramosa ; caule terete flexuoso ; cellulis sparsis elongatis, cornu musicarum figuratis.

Banc de Terre-Neuve, par 30 à 32 brasses d'eau.
44 à 44° ½ latitude nord.
52 à 53° longitude O. de Paris.

Donné par M. Laporte, capitaine de navire à Caen.

———————

AÉTÉE. *AETEA.*

Polypier à tige rampante et rameuse ; cellules solitaires, distantes, opaques, tubuleuses, arquées

et

et en forme de massue ; ouverture latérale et ovale ; *Lam. Hist. polyp. p. 150.*

Cellularia ; *Pall. , Brug.*

Cellaria ; *Ellis.*

Sertularia ; *Gmel.*

Anguinaria ; *de Lam.*

A SERPENT. *A. anguina.*
Tab. 65, fig. 15.

A. tige très-grêle, filiforme, un peu dilatée de-distance en distance, fistuleuse.

Cellaria anguina ; *cellulis simplicissimis , tubulis obtusis clavatis ; aperturâ laterali ; Sol. et Ellis , p. 26, n. 12.*

— *Ellis , Corall. p. 58, tab. 22, n. 11, f. c, C, D.*

Cellularia anguina ; *Pall. Elench. p. 78, n. 36.*

Sertularia anguina ; *Gmel. Syst. nat. p. 3861, n. 42.*

Aétée serpent ; *Lam. Hist. polyp. p. 153, n. 262, pl. 3, f. 6, A.*

Anguinaire spatulée ; *de Lam. Anim. sans vert. tom. 2, p. 143, n. 1.*

Mers d'Europe et de l'Australasie.

ORDRE QUATRIÈME.
SERTULARIÉES.

Polypiers phytoïdes à tige distincte, simple ou rameuse, très-rarement articulée, presque toujours fistuleuse, remplie d'une substance gélatineuse animale à laquelle vient aboutir l'extrémité inférieure de chaque polype, contenu dans une cellule dont la situation et la forme varient ainsi que la grandeur. *Lam. Hist. polyp. p. 154.*

PASYTHÉE. *PASYTHEA.*

Polypier phytoïde, un peu rameux, articulé ;

cellules ternées ou verticillées, sessiles ou pédicellées à chaque articulation ; *Lam. Hist. polyp. p. 154.*

Cellaria ; *Ellis.*

Sertularia ; *Gmel.*

Liriozoa ; *de Lam.*

P. TULIPIER. *P. tulipifera.*
Tab. 5, fig. a, A.

P. articulations en forme de massue ; cellules réunies au nombre de trois sur des pédicelles communs ; *Lam. Hist. polyp. p. 155, n. 263, pl. 3, f. 7, A.*

Cellaria tulipifera ; *stirpe articulata, lapidea, subdiaphana ; articulis clavatis ; cellulis ternis , dentatis , connexis , ex apicibus articulorum exeuntibus , et sæpè terminantibus ; Sol. et Ellis, p. 27, n. 15.*

Sertularia tulipifera ; *Gmel. Syst. nat. p. 3862, n. 72.*

Tulipaire des Antilles ; *Liriozoa caribæa; de Lam. Anim. sans vert. tom. 2, p. 133, n. 1.*

Océan des Antilles.

P. A QUATRE DENTS. *P. quadridentata.*
Tab. 5, fig. g, G.

P. rampante ; cellules verticillées quatre par quatre, avec une impaire, celle du centre souvent prolifère ; *Lam. Hist. polyp. p. 156, n. 264, pl. 3, f. 8, a, B.*

Sertularia quadridentata ; *simplex , articulata, repens ; denticulis quaternis , oppositis , ventricosis ; articulis subturbinatis , basi contortis.; ovariis......; Sol. et Ellis , p. 57, n. 33.*

— *Gmel. Syst. nat. p. 3853, n. 57.*

— *Esper, Zooph. Suppl. 2, tab. 32, f. 1 — 5.*

— *de Lam. Anim. sans vert. tom. 2, p. 121, n. 21.*

Sur les fucus nageant et baccifère.

Nota. Ce polypier devrait peut-être constituer un genre particulier; mais comme il diffère du *Pasithea tulipifera*, moins que des autres sertulariées, je les ai réunis en attendant que l'on connaisse les animaux de ces petits êtres.

AMATHIE. *AMATHIA.*

Polypier phytoïde, rameux; cellules cylindriques, alongées, parallèles, réunies en plusieurs groupes séparés sur la tige et les rameaux, ou en un seul groupe formant une spirale continue depuis la base du polypier jusqu'aux extrémités; *Lam. Hist. polyp. p.* 157.

Sertularia; *auctorum.*

Serialaria; *de Lam.*

A. LENDIGÈRE. *A. lendigera.*

A. rameuse, filiforme; cellules inégales, à bord uni, par groupes séparés à des distances variables, quelquefois très-grandes; *Lam. Hist. polyp. p.* 159, *n.* 265.

Sertularia lendigera; *articulata, subdichotoma, implexa; denticulis cylindricis, secundis, parallelis, ad genicula minoribus; ovariis......; Sol. et Ellis, p.* 52, *n.* 25.

— *Ellis, Corall. p.* 43, *n.* 24, *tab.* 15, *f. b, B.*

— *Pall. Elench. p.* 124, *n.* 73.

— *Gmel. Syst. nat. p.* 3854, *n.* 20.

— *Esper, Zooph. Suppl.* 2, *tab.* 8, *f.* 1, 2.

Serialaire lendigère; *de Lam. Anim. sans vert. tom.* 2, *p.* 130, *n.* 1.

Mers d'Europe.

A. UNILATÉRALE. *A. unilateralis.*

Tab. 66, fig. 1, 2.

A. rameaux courbés en dedans; groupes de cellules très-rapprochés, se touchant presque tous et placés sur le même côté; *Lam. Hist. polyp. p.* 160, *n.* 267.

A. ramis arcuatis; conglomerationibus cellularum approximatis unilateralibusque.

Méditerranée.

A. ALTERNE. *A. alternata.*

Tab. 65, fig. 18, 19.

A. très-rameuse; groupes de cellules très-longs, alternes sur les rameaux et très-rapprochés; cel-

lules nombreuses, presque égales entre elles; *Lam. Hist. polyp. p.* 160, *n.* 268.

A. ramosissima; conglomerationibus cellularum alternatis, approximatissimis; cellulis numerosis, subæqualibus.

Mers d'Amérique.

Reçue de M. de Jussieu.

A SPIRALE. *A. spiralis.*

Tab. 65, fig. 16, 17.

A. rameuse, dichotome; cellules ne formant qu'un seul groupe contourné en spirale autour d'un axe, et y adhérant par toute leur face interne; *Lam. Hist. polyp. p.* 161, *n.* 270, *pl.* 4, *f.* 2, *a, B.*

A. ramosa, dichotoma; cellulis coalescentibus; conglomeratione spirali, facie internâ axi adherente.

Mers de l'Australasie.

———

NEMERTÉSIE. *NEMERTESIA.*

Polypier phytoïde, corné, garni dans toute son étendue de petits cils polypifères, recourbés du côté de la tige et verticillés; cellules situées sur la partie interne des cils; ovaires ovoïdes, lisses, tronqués; *Lam. Hist. polyp. p.* 161.

Sertularia; *auctorum.*

Antennularia; *de Lam.*

N. ANTENNÉE. *N. antennina.*

N. tige simple ou très-peu rameuse, très-alongée; séticules courts; *Lam. Hist. polyp. p.* 163, *n.* 271.

Sertularia antennina; *surculis subsimplicibus verticillatis; setulis denticulis, secundis, calyciformibus; ovariis axillaribus, pedunculatis, obliquè truncatis; Sol. et Ellis, p.* 45, *n.* 14.

— *Ellis, Corall. p.* 29, *tab.* 9, *f. a, A, B, C.*

— *Pall. Elench. p.* 146, *n.* 91.

Sertularia antennina ; *Gmel. Syst. nat. p. 3850,* *n. 14.*

— *Esper, Zooph. tab. 23, f. 1 — 4.*

Antennulaire simple ; *de Lam. Anim. sans vert.* *tom. 2, p. 123, n. 1.*

Mers d'Europe.

N. DE JANIN. *N. Janini.*

Tab. 66, fig. 3, 4, 5.

N. tiges longues, peu rameuses ; verticilles très-éloignés les uns des autres ; séticules très-longs ; *Lam. Hist. polyp. p. 163, n. 272, pl. 4, f. 3, a,* *B, C.*

N. caulibus parùm ramosis, verticillis distantibus ; seticulis longissimis.

Baie de Cadix.

Nota. J'ai dédié cette espèce à mon frère J. Lamouroux, docteur en médecine, en temoignage de la plus sincère amitié.

AGLAOPHÉNIE. *AGLAOPHENIA.*

Polypier phytoïde, corné ; rameaux munis dans toute leur longueur et toujours sur le même côté, de cellules isolées ou axillaires, garnies souvent d'appendices calyciformes ; *Lam. Hist. polyp.* *p. 164.*

Sertularia ; *auctorum.*

Plumularia ; *de Lam.*

A. PENNATULE. *A. pennatula.*

Tab. 7, fig. 1, 2.

A. cellules campanulées et tronquées ; bords dentés ; deux dents latérales plus longues que les autres et opposées ; *Lam. Hist. polyp. p. 168,* *n. 280.*

Sertularia pennatula ; *simplex, pinnata ; pinnis incurvis, articulatis ; denticulis secundis, campanulatis, corniculo truncato suffultis, marginibus crenatis ; spinis duobùs oppositis instructis ; ovariis....; Sol. et Ellis, p. 56, n. 31.*

Sertularia pennatula ; *Gmel. Syst. nat. p. 3853,* *n. 55.*

— *de Lam. Anim. sans vert. tom. 2, p. 128,* *n. 15.*

Océan indien.

A. FRUTESCENTE. *A. frutescens.*

Tab. 6, fig. a, A, A 1. = Tab. 9, fig. 1, 2.

A. cellules cylindriques, campanulées, avec une petite épine au bord interne ; *Lam. Hist. polyp.* *p. 173, n. 292.*

Sertularia frutescens ; *ramosa, tubulosa, pinnata ; pinnulis setaceis, alternis, arrectis ; denticulis secundis, cylindrico-campanulatis ; ovariis.....; Sol. et Ellis, p. 55, n. 29.*

— *Gmel. Syst. nat. p. 3852, n. 53.*

Côtes d'Angleterre.

A. PLUME. *A. pluma.*

A. cellules légèrement gibbeuses et dentées ; ovaires dentés sur les bords avec des anneaux transversaux et obliques, dentés du côté de la tige ; *Lam. Hist. polyp. p. 170, n. 284.*

Sertularia pluma ; *denticulis secundis, imbricatis, campanulatis ; ovariis gibbis, cristatis ; surculis pinnatis, lanceolatis, alternis ; Sol. et Ellis, p. 43, n. 12.*

— *Ellis, Corall. p. 27, tab. 7, n. 12,* *f. b, B.*

— *Gmel. Syst. nat. p. 3850, n. 12.*

Mers d'Europe, très-commune sur les fucus.

DYNAMÉNE. *DYNAMENA.*

Polypier phytoïde, cartilagineux, peu rameux, garni dans toute son étendue de cellules distiques et opposées ; *Lam. Hist. polyp. p. 175.*

Sertularia ; *auctorum.*

D. PINASTRE. *D. pinaster.*

Tab. 6, fig. b, B, B 1.

D. tige simple, pinnée; pinnules alternes; cellules recourbées; *Lam. Hist. polyp. p.* 177, *n.* 297.

Sertularia pinaster; *simplex, pinnata; pinnis alternis; denticulis oppositis, basi cauli appressis; apice tubulosis, incurvis; ovariis secundis majoribus, ovato-quadrangulis, angulis mucronatis; ore tubuloso; Sol. et Ellis, p.* 55, *ñ.* 30.

— *Gmel. Syst. nat. p.* 3853, *n.* 54.

Sertulaire pectinée; *de Lam. Anim sans vert.* tom. 2, *p.* 116, *n.* 3.

Océan des grandes Indes.

Nota. Ce polypier diffère de la Sertulaire pectinée, page 187, n. 311, de mon *Histoire générale des polypiers flexibles.*

D. OPERCULÉE. *D. operculata.*

D. cellules ovoïdes, fermées par un opercule terminé en pointe aiguë; *Lam. Hist. polyp. p.* 176, *n.* 296.

Sertularia operculata; *denticulis oppositis, suberectis, ovariis obovatis operculatis; ramis alternis; Sol. et Ellis, p.* 39, *n.* 6.

Ellis, Corall. p. 21, *tab.* 3, *n.* 6, *f. b, B.*

— *Gmel. Syst. nat. p.* 3844, *n.* 3.

Mers d'Europe et d'Amérique.

D. TUBIFORME. *D. tubiformis.*

Tab. 66, fig. 6, 7.

D. pinnée; divisions simples et alternes; cellules en forme de tube presque cylindrique, un peu arqué; ouverture entière; articulations conoïdes alongées; grandeur, deux centimètres; couleur brun foncé.

D. pinnata; *pinnis simplicibus alternis; cellulis tubiformibus paululùm arcuatis; ore integro; articulis conoïdeis elongatis.*

Australasie.

SERTULAIRE. *SERTULARIA.*

Polypier phytoïde, rameux; tige ordinairement flexueuse ou en zig-zag; cellules constamment alternes; *Lam. Hist. polyp. p.* 182.

Sertularia; *auctorum.*

Nota. Les auteurs ont donné à ce genre des caractères nombreux et différents, suivant les espèces dont ils le composaient.

S. FILICULE. *S. filicula.*

Tab. 6, fig. c, C, C 1.

S. tige flexueuse; rameaux articulés; cellules renflées à la base, tubulées, étroites à leur sommet; ouverture oblique; *Lam. Hist. polyp. p.* 188, *n.* 314.

Sertularia filicula; *ramosissima, pinnata; stirpe flexuosa; ramulis exangulis alternis; denticulis ovato-tubulosis; singulo ad axillam arrecto; ovariis obversè ovatis, apice tubulatis; Sol. et Ellis, p.* 57, *n.* 32.

— *Gmel. Syst. nat. p.* 3853, *n.* 56.

— *de Lam. Anim. sans vert. tom.* 2, *p.* 119, *n.* 15.

Mers d'Europe.

S. SAPINETTE. *S. abietina.*

S. cellules ovales, tubées, à bord entier, ventrues du côté de la tige; *Lam. Hist. polyp. p.* 186, *n.* 310.

S. alternatim pinnata; denticulis suboppositis, ovato-tubulosis; ovariis ovalibus; Sol. et Ellis, p. 36, *n.* 2.

— *Ellis, Corall. p.* 18, *tab.* 1, *n.* 2, *f. b, B.*

— *Gmel. Syst. nat. p.* 3845, *n.* 5.

Mers d'Europe.

S. DE GAY. *S. Gayï.*

Tab. 66, fig. 8, 9.

S. tige cylindrique, rude, peu rameuse; rameaux épars, divergents, paraissant presque pinnés; petits rameaux en général simples, alongés et alternes; cellules gibbeuses à leur base; ouverture presque verticale, garnie de quatre dents;

grandeur, environ un décimètre ; couleur fauve-blanchâtre.

S. caule tereti, scabro, parùm ramoso ; ramis sparsis divergentibus, subpinnatis ; ramulis subsimplicibus, alternis, inæqualiter elongatis ; cellulis gibbosis, subinflexis, margine quadridentato.

Côtes de la Manche, à Pirou et Anneville.

Nota. J'ai dédié cette jolie Sertulaire à M. J. Gay, amateur zélé de botanique ; il l a trouvée sur les côtes de la Manche.

———

IDIE. *IDIA.*

Polypier phytoïde, pinné ; rameaux alternes, comprimés ; cellules alternes, distantes, saillantes, à sommet aigu et recourbé ; *Lam. Hist. polyp. p.* 199.

I. SQUALE-SCIE. *I. pristis.*

Tab. 66, fig. 10, 11, 12, 13, 14.

I. cellules semblables par leur forme et leur situation aux dents de la mâchoire supérieure du Squale-scie ; *Lam. Hist. polyp. p.* 200, *n.* 338, *pl.* 5, *f.* 5, *a, B, C, D, E.*

I. caule pinnato ; ramis alternis, compressis ; cellulis alternis, distantibus, acutis, incurvatis.

Mers de l'Australasie.

———

CLYTIE. *CLYTIA.*

Polypier phytoïde, rameux, filiforme, volubile ou grimpant sur des Thalassiophytes ou d'autres polypiers ; cellules campanulées, pédicellées ; pédicelles longs, ordinairement contournés ; *Lam. Hist. polyp. p.* 200.

Sertularia ; *auctorum.*

Campanularia ; *de Lam.*

C. VOLUBILE. *C. volubilis.*

Tab. 4, fig. e, f, E, F.

C. cellules campanulées, dentées, éparses ; pé-

doncules très-longs, entièrement contournés ; *Lam. Hist. polyp. p.* 202, *n.* 340.

Sertularia volubilis ; *denticulis campanulatis, dentatis, alternis ; pedunculis longissimis, contortis ; ovariis ovatis, interdùm transversè rugosis ; Sol. et Ellis, p.* 51, *n.* 22.

— *Gmel. Syst. nat. p.* 3851, *n.* 16.

— *Esper, Zooph. tab.* 30, *f.* 1, 2.

Sertularia uniflora ; *Pall. Elench. p.* 121, *n.* 70.

Campanulaire grimpante ; *de Lam. Anim. sans vert. tom.* 2, *p.* 113, *n.* 2.

Océan européen, *Ellis ;* Océan atlantique et mer des Indes, *Pallas.*

C. OLIVATRE. *C. olivacea.*

Tab. 67, fig. 1, 2.

C. semblable à un arbrisseau touffu ; rameaux cylindriques épars, fistuleux comme la tige ; cellules pédicellées presque verticillées, à bord entier paraissant, comme rongé, par la dessication ; pédicelle très-long, souvent uni, quelquefois contourné dans quelques parties, jamais dans toute sa longueur, offrant souvent trois ou quatre contractions très-rapprochées, semblables à des articulations ; ovaires épars, ovales, rétrécis à leur base et terminés en pointe aiguë ; grandeur, environ quinze centimètres ; couleur olive clair et vif.

C. ramosa ; cellulis margine integro, dessicatione eroso ; pedicellis prælongis, unitis, simplicibus, rarè contortis, rarè contractis ; ovariis acutis.

Banc de Terre-Neuve.

Rapporté par le capitaine Laporte.

Nota. Ce polypier, très-voisin du *Cl. verticillata,* devrait peut-être former avec lui un genre particulier, facile à distinguer des Laomédées et des Clyties par la forme des tiges, des rameaux, des pédicelles et des ovaires.

———

LAOMÉDÉE. *LAOMEDEA.*

Polypier phytoïde, rameux ; cellules stipitées

ou substipitées, éparses sur les tiges et les rameaux ; *Lam. Hist. polyp. p.* 204.

Sertularia ; *auctorum.*

Nota. Ce genre diffère des Clyties par les tiges, qui ne sont jamais ni grimpantes, ni sarmenteuses, par la forme des cellules, et par leur pédoncule très-court. Les Clyties sont toujours parasites, les Laomédées ne le sont jamais.

L. DE LAIR. *L. Lairii.*
Tab. 67, fig. 3.

L. empâtement surculeux ; tige simple ou peu rameuse ; cellules éparses, divergentes, portées sur de longs pédoncules ; couleur rouge-brun ; grandeur, environ un centimètre ; *Lam. Hist. polyp. p.* 207, *n.* 348.

L. cellulis sparsis, divaricatis, longè pedunculatis.

Mers de l'Australasie.

Nota. Malgré la longueur du pédoncule, ce polypier ne peut appartenir qu'aux Laomédées Je l'ai dédié à M. Lair, secrétaire de la Société d'agriculture et de commerce de la ville de Caen, membre de plusieurs Sociétés savantes, recommandable par son amour et son zèle désintéressé pour tout ce qui regarde l'honneur et l'avantage de son pays.

L. MURIQUÉE. *L. muricata.*
Tab. 7, fig. 3, 4.

L. articulée ; cellules pédonculées, alternes et solitaires sur chaque articulation ; ovaires pédonculés, épineux, placés sur les tubes de la racine ; *Lam. Hist. polyp. p.* 209, *n.* 353.

Sertularia muricata ; *articulata, denticulis pedunculatis, ex singulis articulis alternis; ovariis subglobosis, cristatis, muricatis, pedunculatis, ex tubulis radiciformibus enascentibus; Sol. et Ellis, p.* 59, *n.* 36.

— *Gmel. Syst. nat. p.* 3853, *n.* 60.

— *Esper, Zooph. tab.* 31, *f.* 1, 2.

Côtes d'Ecosse.

Nota. Ce polypier, quoique très-voisin des Laomédées, pourrait, ce me semble, servir de type pour un genre nouveau ; ne l'ayant point dans ma collection, je n'ai pas cru devoir l'établir d'après les figures seules et les caractères qu'Ellis en a donnés.

L. RAMPANTE. *L. reptans.*
Tab. 67, fig. 4

L. tige rampante, à peine visible, cylindrique et rameuse ; cellules éparses, campanulées, à bords entiers ; pédicelle conique, très-court, fixé sur une sorte de plateau ; couleur jaunâtre.

L. caulibus setaceis, reptantibus, teretibus, ramosis ; cellulis campanulatis, margine integro ; pedicellis brevibus conicis.

Sur les feuilles du *Ruppia antarctica* de la terre de Lewin.

Donnée par M. de Labillardière.

Nota. Ce polypier se rapproche des Clyties par la grandeur et la forme de la tige; mais les caractères des cellules sont tellement tranchés qu'il ne peut être placé que dans le genre *Laomedea.*

THOÉE. *THOA.*

Polypier phytoïde, rameux ; tige formée de tubes nombreux, entrelacés ; cellules presque nulles ; ovaires irrégulièrement ovoïdes ; polypes saillants; *Lam. Hist. polyp. p.* 210.

Sertularia ; *auctorum.*

Tubularia ; *Pallas.*

T. HALÉCINE. *T. halecina.*

T. deux articulations à la base des cellules ; cellules très-petites ou presque nulles ; ovaires ovales, irréguliers, solitaires ; *Lam. Hist. polyp. p.* 211, *n.* 354.

Sertularia halecina ; *ramosa, pinnata ; ramulis alternis ; denticulis tubiformibus, biarticulatis ; ovariis ovalibus ; pedunculis lateraliter coadunatis ; Sol. et Ellis, p.* 46, *n.* 15.

— *Ellis, Corall. p.* 32, *n.* 15, *tab.* 10, *f. a, A, B, C.*

— *Gmel. Syst. nat. p.* 3848, *n.* 8.

— *Pall. Elench. p.* 113, *n.* 64.

— *Esper, Zooph. Suppl.* 2, *tab.* 21, *f.* 1, 2.

— *de Lam. Anim. sans vert. tom.* 2, *p.* 119, *n.* 16.

Mers d'Europe, *Ellis*, *de Lam.*, *Pallas*, etc.; Méditerranée, Océan atlantique et mer des Indes, *Pallas*, *Gmelin*.

T. DE SAVIGNY. *T. Savignyi.*

Tab. 67, fig. 5, 6.

T. ovaires en grappe, rarement isolés; *Lam. Hist. polyp. p.* 212, *n.* 355, *pl.* 6, *f.* 2, *a*, *B*, *C.*

Tubularia ramea; tubis compositis, ramosis; ramis ramulisque alternis; Pall. Elench. p. 83, *n.* 40.

— *Gmel. Syst. nat. p.* 3831, *n.* 10.

Méditerranée.

Nota. J'ai dédié ce polypier à mon ami M. J. C. de Savigny, membre de l'Institut d'Egypte et de l'ordre royal de la Légion-d'honneur, auteur de plusieurs Mémoires très-savants sur différentes branches de la zoologie.

SALACIE. *SALACIA.*

Polypier phytoïde, articulé, à tige très-comprimée; cellules cylindriques, longues, accolées au nombre de quatre, avec leurs ouvertures sur la même ligne, comme verticillées; ovaires ovoïdes et tronqués; *Lam. Hist. polyp. p.* 212.

S. A QUATRE CELLULES. *S. tetracyttara.*

Tab. 67, fig. 7, 8, 9.

S. rameaux placés sur la partie plane de la tige; ramuscules toujours alternes, une ou deux fois articulés; *Lam. Hist. polyp. p.* 214, *n.* 356, *pl.* 6, *f.* 3, *a*, *B*, *C.*

S. cellulis teretibus, elongatis, quaternatim coalescentibus; oribus annulatis, quasi verticillatis; ovariis ovoïdeis truncatis.

Mers de l'Australasie ?

CYMODOCÉE. *CYMODOCEA.*

Polypier phytoïde; cellules cylindriques, plus ou moins longues, filiformes, alternes ou oppo-

sées; tige fistuleuse, annelée inférieurement, unie supérieurement et sans cloison intérieure; *Lam. Hist. polyp. p.* 214.

Nota. Ce genre, par ses caractères, peut être regardé comme intermédiaire entre les Sertulariées et les Tubulariées, quoique appartenant aux premières par la présence des cellules.

C. ANNELÉE. *C. annulata.*

Tab. 67, fig. 10, 11.

C. tubes simples, roides, de la grosseur d'une plume de Corbeau, articulés; chaque articulation annelée transversalement un peu en spirale, avec deux petits appendices opposés.

C. tubulis simplicibus, rigidis, pennæ Corvinæ crassitie, articulatis; articulis subspiraliter transversè annulatis.

Hab. . . .

C. CHEVELUE. *C. comata.*

Tab. 67, fig. 12, 13.

C. tiges droites, cylindriques, un peu divisées, couvertes de petites ramifications capillacées, nombreuses, verticillées, flexueuses, articulées et polypifères; une cellule courte, annelée à sa base, presque invisible à l'œil nu, à chaque articulation; grandeur, environ un décimètre; couleur jaunâtre.

C. caulibus rectis, teretibus, subsimplicibus; ramusculis capillamentosis, verticillatis, numerosis, flexuosis, articulatis cellulosisque.

Angleterre, côtes de Devonshire.

Reçue du D. Leach.

ORDRE CINQUIÈME.

TUBULARIÉES.

Polypiers phytoïdes, tubuleux, simples ou rameux, jamais articulés, ordinairement d'une seule substance cornée ou membraneuse, ni celluleuse, ni porreuse, et recouverte quelquefois d'une légère couche crétacée ; polypes situés aux extrémités des tiges, des rameaux et de leurs divisions. *Lam. Hist. polyp. p. 217.*

TIBIANE. *TIBIANA.*

Polypier phytoïde, fistuleux ; rameaux flexueux ou en zig-zag, avec des ouvertures polypeuses latérales, alternes, rarement éparses ; *Lam. Hist. polyp. p. 117.*

— *de Lamarck.*

Sacculine ; *de Lam.*

T. FASCICULÉE. *T. fasciculata.*

Tab. 68, fig. 1.

Rameaux en zig-zag, de la grosseur d'une plume de Moineau ; ouvertures polypeuses latérales, alternes, situées à l'extrémité de chaque angle, quelquefois se dirigeant vers la base ; *Lam. Hist. polyp. p. 219, n. 359, pl. 7, fig. 3, a.*

T. ramis genuflexis vel angulatim flexuosis, pennæ Passerinæ crassitudine ; oribus polyposis alternis, lateralibus, aliquoties inferis.

— *de Lam. Anim. sans vert. tom. 2, p. 149, n. 2.*

Océan indien ?

NAÏS. *NAïSA.*

Polypier à tige grêle, membraneuse, souvent ramifiée, terminée, ainsi que ses rameaux, par un polype dont le corps peut rentrer entièrement dans la tige, et dont la bouche est entourée d'un seul rang de tentacules ordinairement ciliés ; *Lam. Hist. polyp. p. 220.*

Tubularia ; *auctorum.*

Plumatella ; *Bosc, de Lam.*

N. RAMPANTE. *N. repens.*

Tab. 68, fig. 2.

N. tubes presque cylindriques, noirâtres,

étroits à leur base, plus larges au sommet et rampants ; *Lam. Hist. polyp. p. 223, n. 361.*

Tubularia repens ; *cristata, cirris utrinque radiatis, vagina porrecta, tubulo opaco procumbente ; Gmel. Syst. nat. p. 3835, n. 18.*

— *Vauch. Bull. philom. frimaire an XII, n. 81, tab. 19, f. 1 — 5.*

Plumatelle rampante ; *de Lam. Anim. sans vert. tom. 2, p. 108, n. 3.*

Eaux douces, principalement dans le nord de l'Europe, dans le Rhône et sous les feuilles des *Nymphæa.*

N. COUCHÉE. *N. reptans.*

Tab. 68, fig. 3, 4.

N. tubes membrano-charnus, transparents, courts et peu rameux, presque coniques ou pyramidaux, avec une base large assez épaisse ; *Lam. Hist. polyp. p. 223, n. 362, pl. 6, f. 4, A.*

Tubularia reptans ; *crista lunata, corpore extra vaginam tractili ; Gmel. Syst. nat. p. 3835, n. 19.*

— *Trembl. Polyp. mem. 3, p. 227, tom. 10, f. 8, 9.*

Tubularia cristallina ; *Pall. Elench. p. 85, n. 42.*

Plumatelle à panache ; *de Lam. Anim. sans vert. tom. 2, p. 107, n. 1.*

Dans les eaux douces et limpides de quelques étangs.

Nota. Plus j'observe cette production, ou plutôt ce petit animal, et plus je suis convaincu qu'il diffère des Tubulaires d'eau douce. Je le crois très-voisin de l'*Alcyonium fluviatile* de Bruguière et de Bosc, d'après lequel M. de Lamarck a établi son genre Alcyonelle, qui semble intermédiaire entre les Hydres et les Alcyons, et qui s'écarte de tous les polypes à polypier par son organisation.

TUBULAIRE. *TUBULARIA.*

Polypier simple ou rameux, tubulé, d'une substance presque cornée, transparente ; polype solitaire à l'extrémité de chaque rameau.

T. INDIVISE.

T. INDIVISE. *T. indivisa.*

T. tubes très-simples quelquefois tortueux, réunis ou soudés ensemble dans leur partie inférieure ; *Lam. Hist. polyp. p.* 229, *n.* 368.

T. tubulis simplicissimis, aggregatis, sursùm leviter dilatatis, basi attenuatis implexis ; Sol. et Ellis, p. 31, *n.* 1.

— *Ellis, Corall. p.* 46, *n.* 2, *tab.* 16, *f. c.*

— *Gmel. Syst. nat. p.* 3830, *n.* 1.

— *de Lam. Anim. sans vert. tom.* 2, *p.* 110, *n.* 1.

T. *calamaris ; Pall. Elench. p.* 81, *n.* 38.

Mers d'Europe.

T. GÉANTE. *T. gigantea.*
Tab. 68, fig. 5.

T. tubes droits, très-simples, étroits dans leur partie inférieure, augmentant graduellement jusqu'à la moitié de leur hauteur, et conservant le même diamètre jusqu'à leur extrémité ; surface lisse et luisante ; grandeur, trois décimètres et au-delà ; couleur fauve clair et brillant.

T. tubulis rectis, simplicissimis, ad basim attenuatis, gradatim dilatatis deindè æquali crassitie, lævibus nitidisque.

Côtes de Norfolck : très-rare d'après M. Leach, de qui je l'ai reçue.

Nota. Ne serait-ce point une variété gigantesque du *Tubularia indivisa* ? C'est probable, mais le facies est si différent que j'en ai fait une espèce particulière, en attendant que l'examen des polypes vivants confirme ou détruise mon hypothèse.

T. RAMEUSE. *T. ramosa.*

T. tubes rameux ; ramifications atténuées à leur origine, et annelées dans une longueur plus ou moins grande, quelquefois contournées à leur base ; *Lam. Hist. polyp. p.* 231, *n.* 371.

T. tubulis ramosis, axillis ramulorum contortis ; Sol. et Ellis, p. 32, *n.* 3.

— *Ellis, Corall. p.* 47, *n.* 3, *tab.* 17, *f. a, A.*

— *Gmel. Syst. nat. p.* 3831, *n.* 2.

— *Esper, Zooph. tab.* 9, *f.* 1, 2, 3.

— *de Lam. Anim. sans vert. tom.* 2, *p.* 231, *n.* 3.

Mers d'Europe.

Nota. Il existe un grand nombre de Tubulaires rameuses qui mériteraient de former un genre particulier ; les animaux ne sont pas encore assez connus pour faire ces divisions.

T. MUSCOÏDE. *T. muscoïdes.*
Tab. 68, fig. 6, 7.

T. capillacée, entièrement annelée, rameuse ; rameaux presque bulbeux à leur base, plutôt épars que dichotomes ; grandeur, quatre à six centimètres ; grosseur, presque un millimètre ; couleur jaune-verdâtre foncé.

T. culmis subdichotomis, totis annuloso-rugosis ; Linn. Faun. Suec. 2230.

— *Gmel. Syst. nat. p.* 3832, *n.* 5.

Mer Baltique.

Reçue de M. Agardh.

Nota. Cette Tubulaire, bien décrite par Linné, a été confondue par Pallas et Solander avec le *Tub. larynx* ; elle en a été séparée de nouveau par M. Agardh, habile botaniste, professeur à l'université de Lund en Suède ; il en a donné une excellente figure dans les Mémoires de la Société de Stockholm. Ne l'ayant jamais vue, j'avais adopté l'opinion de Pallas et de Solander ; j'aurais dû remarquer cependant que Linné dit formellement *culmis totis annuloso-rugosis*, et Pallas, *hinc indè annulosis*.

Le *Tubularia muscoïdes* ne diffère que par la grandeur du *Tub. trichoïdes* de Pallas.

CORNULAIRE. CORNULARIA.

Polypier fixé par sa base, corné ; à tiges simples, infundibuliformes, redressées, contenant chacune un polype ; polypes solitaires, terminaux, à bouche munie de huit tentacules pinnés, disposés sur un seul rang ; *de Lam. Anim. sans vert. tom.* 2, *p.* 111.

C. RIDÉE. *C. rugosa.*

C. tube simple, plus petit dans sa partie inférieure, tortu et à surface rugueuse.

Tubularia cornucopiæ ; *tubo simplici infernè attenuato, flexuoso rugosoque ; Pall. Elench. p.* 80, *n.* 37.

— *Gmel. Syst. nat. p.* 3830, *n.* 9.

— *Cavol. Polyp. mar.* 3, *p.* 250, *tab.* 9, *f.* 11, 12.

— *Esper, Zooph. Suppl. tab.* 27, *f.* 3.

Tubulaire corne d'abondance ; *Lam. Hist. polyp. p.* 229, *n.* 367.

Cornulaire ridée ; *de Lam. Anim. sans vert. tom.* 2, *p.* 112, *n.* 1.

Méditerranée ; mers d'Amérique, *Pallas.*

TELESTO. *TELESTO.*

Polypier phytoïde, rameux, fistuleux, crétaceomembraneux, opaque, strié longitudinalement ; *Lam. Hist. polyp. p.* 232.

Synoïcum ; *de Lam.*

T. ORANGÉE. *T. aurantiaca.*
Tab. 68, fig. 8.

T. peu rameuse ; couleur orange avec une nuance violette à la base de quelques rameaux ; grandeur, deux à quatre centimètres ; *Lam. Hist. polyp. p.* 234, *n.* 374, *pl.* 7, *f.* 6.

T. parùm ramosa ; colore aurantiaco.

Australie.

T. PÉLAGIQUE. *T. pelagica.*

T. tiges très-rameuses, cylindriques, légèrement striées ; couleur verte ; *Lam. Hist. polyp. p.* 234, *n.* 375.

T. caulibus ramosis teretibus, colore viridi.

Alcyon pélagique ; *Bosc,* 3, *p.* 131, *pl.* 30, *p.* 304.

Synoïcum pelagicum ; *de Lam. Ann. tom.* 20, *p.* 304.

Sur le *fucus natans* de l'Océan Atlantique.

LIAGORE. *LIAGORA.*

Polypier phytoïde, rameux, fistuleux, licheniforme, encroûté d'une légère couche de matière crétacée ; *Lam. Hist. polyp. p.* 235.

Fucus ; *Turn., Gmel., Desf., Esper, Roth*, etc.

Tubularia ; *Gmel., Esper.*

Lichenularia ; *de Lam.*

Dichotomaria ; *de Lam.*

L. A PLUSIEURS COULEURS. *L. versicolor.*

L. tige rameuse ou dichotome ; rameaux épars, roides ou flexibles, cylindriques ou comprimés par la dessication, quelquefois parfaitement dichotomes ; couleurs variant du blanc au jaune, au rouge et au vert. *Lam. Hist. polyp. p.* 237, *n.* 376.

Fucus lichenoïdes ; *fronde ramosissima ; ramis compressis, divaricatis, apice furcatis, uncinatis, globuliferis ; Desf. Fl. atl. tom.* 2, *p.* 427.

— *Turn. Hist. fucor. n.* 118, *var. a, et n.* 119.

— *Gmel. Hist. fuc. p.* 120, *tab.* 8, *f.* 1, 2.

— *Esper, Icon. fuc. p.* 102, *tab.* 50.

Dichotomaire corniculée ; *de Lam. Anim. sans vert. tom.* 2, *p.* 147, *n.* 11.

Mers d'Europe, principalement la Méditerranée.

Nota. Il serait possible et peut-être nécessaire de faire plusieurs espèces des nombreuses variétés du *Liagora versicolor* ; mais les caractères se fondant les uns dans les autres d'une manière insensible, surtout lorsqu'on observe beaucoup d'échantillons, je laisse ce travail à faire à ceux qui habitant les bords de la mer, pourront suivre ces êtres à toutes les époques de leur croissance, et en déterminer les différences.

L. ÉTALÉE. *L. distenta.*

L. tige cylindrique, filiforme, très-rameuse ; rameaux et petits rameaux étalés, à sommet bifurqué ; *Lam. Hist. polyp. p.* 240, *n.* 382.

Fucus distentus ; caule terestiusculo, filiformi, æquali, gelatinoso, ramosissimo ; ramis ramulisque

distentis , apicibus furcatis ; Roth , Cat. bot. III ,
p. 103 , tab. 2.

Baie de Cadix.

L. ARTICULÉE. *L. articulata.*

Tab. 68 , fig. 9.

L. tige et rameaux cylindriques , épars ; encroûtement crétacé , épais , paraissant comme articulé par la dessication ; grandeur , environ quinze
décimètres ; couleur blanc de lait.

L. caule ramisque teretibus sparsis; corticè crasso ,
dessicatione diversè articulato.

Ile de Bourbon.

Reçu du D. Leach , directeur du Muséum
britannique.

NÉOMÉRIS. *NEOMERIS.*

Polypier simple ou non rameux ; encroûtement celluleux dans la partie supérieure , bul-
leux dans la moyenne , écailleux dans l'inférieure ; *Lam. Hist. polyp. p. 241.*

N. EN BUISSON. *N. dumetosa.*

Tab. 68 , fig. 10 , 11.

N. tiges simples , encroûtées , réunies en buisson ;
Lam. Hist. polyp. p. 243 , n. 383 , pl. 7 ,
f. 8 , a , B.

N. caulibus simplicibus , dumetosis , crustatis ;
crustâ cretaceâ , supernè cellulosâ , mediatim bul-
losâ , infernè squamosâ.

Océan des Antilles.

Nota. La production animale à laquelle j'ai donné le
nom de *Néoméris* appartient-elle aux Tubulariées ou à
quelque autre famille des polypiers coralligènes , ou bien
est-ce une Radiaire , un Mollusque , etc. ? On observe
dans les individus que je possède , et que je dois à l'amitié
de M. Richard (1) , un axe fistuleux membraneux avec

---

(1) Professeur à la Faculté de médecine de Paris ,
membre de l'Institut de France , de la Légion-d'honneur , etc. , et l'un des premiers botanistes de l'Europe.

des fibres longitudinales et circulaires , au sommet l'animal desséché , ou plutôt sa bouche entourée de tentacules , et dans laquelle on ne peut reconnaître aucune
forme particulière. Ces deux caractères m'ont décidé à
placer provisoirement cette production animale dans
l'ordre des Tubulariées , pour fixer sur elle l'attention
des naturalistes , quoique je sois bien convaincu qu'elle
ne lui appartienne pas.

DEUXIEME SECTION.

POLYPIERS CALCIFÈRES.

Substance calcaire mêlée avec la substance animale
ou la recouvrant , apparente dans tous les états.

ORDRE SIXIÈME.

ACÉTABULARIÉES.

Polypiers à tige simple , grêle , fistuleuse , terminée par un appendice ombellé ou par un
groupe de petits corps pyriformes et polypeux.

ACÉTABULAIRE. *ACETABULARIA.*

Polypier à tige simple , terminée par une ombelle ou un disque strié , radié , plane ou un peu
infundibuliforme , à bord perforé et composé de
tubes réunis orbiculairement; *Lam. Hist. polyp.*
p. 244.

Corallina ; *Pallas.*

Tubularia ; *Gmelin , Esper.*

Acetabulum ; *de Lamarck.*

Olivia ; *Bertoloni.*

A. ENTIÈRE. *A. integra.*

A. ombelle à bord entier.

Tubularia acetabulum ; *culmis filiformibus; peltâ*
terminali , striatâ , radiatâ , calcareâ; Gmel. Syst.
nat. p. 3833 , n. 6.

Corallina androsace; *Pall. Elench.* p. 430, n. 13.

Olivia androsace; *Bert. Decad.* 3, p. 117, n. 1.

— *Tourn. Inst.* 1, p. 569, tab. 338.

— *Fortis, Voy.* 1, p. 225, tab. 7, *f. a,* 1 — VII.

Acétabule méditerranéen; *de Lam. Anim. sans vert. tom.* 2, p. 150, n. 1.

Acétabulaire de la Méditerranée; *Lam. Hist. polyp.* p. 249, n. 384.

Méditerranée; îles Canaries?

A. CRÉNELÉE. *A. crenulata.*
Tab. 69, fig. 1.

A. ombelles à bords crénelés; *Lam. Hist. polyp.* p. 249, n. 385, *pl.* 8, *f.* 1.

Tubularia acetabulum, var. B; *marginibus umbellarum crenulatis; Gmel. Syst. nat.* p. 3833, n. 6.

— *Brown, Jam. hist.* p. 74, tab. 40, *f. A.*

— *Esper, Zooph.* tab. 1, *f.* 1 — 4.

Acétabule des Antilles; *de Lam. Anim. sans vert. tom.* 2, p. 151, n. 2.

Océan des Antilles.

POLYPHYSE. *POLYPHYSA.*

Polypier à tige simple, fistuleuse, filiforme, surmontée de huit à douze corps bulloïdes inégaux, pyriformes et polypeux, ramassés en tête et partant presque du même point; *Lam. Hist. polyp.* p. 250.

— *de Lamarck.*

Fucus; *Dawson-Turner.*

P. GOUPILLON. *P. aspergillosa.*
Tab. 69, fig. 2, 3, 4, 5, 6.

P. tiges nombreuses, fasciculées, inégales, terminées par des corps ovoïdes réunis en tête;

Lam. Hist. polyp. p. 252, n. 386, *pl.* 8, *f.* 2, *a, B, C, D.*

Fucus peniculus; *caule terete, filiformi, fistuloso, erecto, simplice, fragili; apice coronato ramulis plurimis, oblongo-ovatis, granula plurima spherica, muco nullo immixto, includentibus; Dawson-Turner, Hist. fuc. tom.* IV, p. 77, tab. 228, *f. a, b, c, d, e.*

Polyphyse australe; *de Lam. Anim. sans vert. tom.* 2, p. 152, n. 1.

Mers de l'Australie.

ORDRE SEPTIÈME.

CORALLINEES.

Polypiers phytoïdes formés de deux substances, l'une intérieure ou axe, membraneuse ou fibreuse, fistuleuse ou pleine; l'autre extérieure ou écorce, plus ou moins épaisse, calcaire et parsemée de cellules polypifères, très-rarement visibles à l'œil nu dans l'état de vie, encore moins dans l'état de dessication; *Lam. Hist. polyp.* p. 244.

PREMIER SOUS-ORDRE.

CORALLINÉES TUBULEUSES.

GALAXAURE. *GALAXAURA.*

Polypier phytoïde, dichotome, articulé, quelquefois subarticulé; cellules toujours invisibles; *Lam. Hist. polyp.* p. 259.

Corallina; *auctorum.*

Tubularia; *Gmelin, Esper.*

Dichotomaria; *de Lamarck.*

G. OBLONGUE. *G. oblongata.*
Tab. 22, fig. 1.

G. articulations alongées, très-planes par la

dessication ; écorce très-mince et rougeâtre ; *Lam. Hist. polyp. p.* 262 *, n.* 393.

Corallina oblongata ; *dichotoma , articulis oblongis subcompresso-cylindricis; Sol. et Ellis , p.* 114 *, n.* 10.

—— *Gmel. Syst. nat. p.* 3841 *, n.* 29.

Côtes du Portugal, *Palissot de Beauvois* ; Océan Atlantique Américain , *Ellis.*

G. OBTUSE. *G. obtusata.*

Tab. 22, fig. 2.

G. articulations oblongues, ovales, arrondies aux deux extrémités ; *Lam. Hist. polyp. p.* 262 *, n.* 395.

Corallina obtusata ; *dichotoma ; articulis oblongo-ovatis , utrinque rotundatis , subcompressis ; Sol. et Ellis , p.* 113 *, n.* 9.

—— *Gmel. Syst. nat. p.* 3841 *, n.* 30.

Tubularia obtusata; *Esper, Zooph. tab.* 5 *, f.* 1 *,* 2.

Dichotomaire obtuse ; *de Lam. Anim. sans vert. tom.* 2 *, p.* 145 *, n.* 2.

Côtes des îles de Bahama.

G. RUGUEUSE. *G. rugosa.*

Tab. 22, fig. 3.

G. articulations annelées, légèrement rugueuses, cylindriques, applaties à leurs extrémités ; rameaux quelquefois divergents ; *Lam. Hist. polyp. p.* 263 *, n.* 397.

Corallina rugosa ; *dichotoma ; articulis annulato-rugosis , subcontinuis , cylindricis ; apicibus compressis ; Sol. et Ellis , p.* 115 *, n.* 13.

—— *Gmel. Syst. nat. p.* 3841 *, n.* 26.

Corallina tubulosa ; *Pall. Elench. p.* 430 *, n.* 12.

Tubularia fragilis ; *Gmel. Syst. nat. p.* 3832 *, n.* 4.

—— *Esper, Zooph. tab.* 3 *, f.* 1 *,* 2.

Dichotomaire ridée ; *de Lam. Anim. sans vert. tom.* 2 *, p.* 145 *, n.* 3. *Excl. synon. Tubularia dichotoma ; Esper, Zooph. tab.* 6 *, f.* 1 *,* 2.

D. fragile ; *de Lam. Anim. sans vert. tom.* 2 *,*

p. 145 *, n.* 1. *Excl. syn. Tubularia umbellata ; Esper, Zooph.* 2 *, tab.* 17 *, f.* 1 *,* 2.

Océan Atlantique Américain.

Nota. Gmelin, dans son *Systema natura*, a fait deux espèces du *Corallina rugosa* et du *Tubularia fragilis ;* il leur a donné cependant les mêmes synonymes. M. de Lamarck a fait la même distinction ; mais il a eu soin d'ajouter qu'il ne croyait pas que l'on eût donné de bonnes figures de sa Dichotomaire fragile. Je n'ai fait qu'une seule espèce de ces deux polypiers , parce que je possède le *Tubularia umbellata* d'Esper , et qu'il ne peut appartenir au *Corallina tubulosa* de Pallas ; que ce dernier ne diffère en rien du *Corallina rugosa* d'Ellis : il n'en est pas de même du *Tubularia dichotoma* d'Esper. Je dois ces deux Galaxaures à M. de Jussieu, dont les doutes savants éclaircissent de plus en plus la science des rapports qui lient les végétaux les uns aux autres.

G. MARGINÉE. *G. marginata.*

Tab. 22, fig. 6.

G. rameaux s'applatissant par la dessication , et recourbés alors en leurs bords ; articulations à peine visibles ; *Lam. Hist. polyp. p.* 264 *, n.* 398.

Corallina marginata ; *dichotoma ; ramis subcontinuis , lævibus , complanatis , marginibus subinflexis ; Sol. et Ellis , p.* 115 *, n.* 12.

—— *Gmel. Syst. nat. p.* 3841 *, n.* 27.

Dichotomaire bordée ; *de Lam. Anim. sans vert. tom.* 2 *, p.* 146 *, n.* 6.

Côtes des îles de Bahama.

G. LAPIDESCENTE. *G. lapidescens.*

Tab. 21 , fig. g. == Tab. 22, fig. 9.

G. articulations peu distinctes, cylindriques et velues, d'un vert pourpre ; *Lam. Hist. polyp. p.* 264 *, n.* 399.

Corallina lapidescens ; *dichotoma ; articulis cylindricis , villosis ; Sol. et Ellis, p.* 112 *, n.* 8.

—— *Gmel. Syst. nat. p.* 3841 *, n.* 31.

Dichotomaire lapidescente ; *de Lam. Anim. sans vert. tom.* 2 *, p.* 146 *, n.* 4.

Océan Atlantique ; côte d'Afrique ; Cap de Bonne-Espérance , *Lam.*

G. CYLINDRIQUE. *G. cylindrica.*

Tab. 22, fig. 4.

G. articulations alongées, presque filiformes, un peu renflées au sommet, plus larges aux extrémités que dans les ramifications inférieures.

Corallina cylindrica; *dichotoma; articulis cylindricis, subæqualibus, lævibus; Sol. et Ellis, p.* 114, *n.* 11.

— *Gmel. Syst. nat. p.* 3841, *n.* 28.

Océan des Antilles.

G. FRUTICULEUSE. *G. fruticulosa.*

Tab. 22, fig. 5.

G. rameaux cylindriques, couverts d'une substance farineuse, et diminuant graduellement de grosseur de la base au sommet; *Lam. Hist. polyp. p.* 264, *n.* 400.

Corallina fruticulosa; *dichotoma; ramis teretibus, continuis, furfuraceis, apicibus attenuatis; Sol. et Ellis, p.* 116, *n.* 16.

— *Gmel. Syst. nat. p.* 3840, *n.* 23.

Dichotomaire fruticuleuse; *de Lam. Anim. sans vert. tom.* 2, *pag.* 146, *n.* 7.

Côtes des îles de Bahama.

Nota. Je ne connais cette espèce que par la description et la figure qu'en a donnée Solander d'après Ellis. Il dit formellement qu'elle n'est point articulée. Si des observations exactes, faites par la suite, sur le vivant n'y font point découvrir ce caractère, il faudra réunir cet objet au genre *Liago a*, duquel il se rapproche par les nombreuses variétés que ce polypier présente; les Galaxaures au contraire sont peu sujettes à varier, et conservent presque toujours les mêmes caractères.

G. ENDURCIE. *G. indurata.*

Tab. 22, fig. 7.

G. rameaux presque contigus, cylindriques, unis, divergents; *Lam. Hist. polyp. p.* 265, *n.* 401.

Corallina indurata; *dichotoma; ramis subcontinuis, teretibus, lævibus, divaricatis; Sol. et Ellis, p.* 116, *n.* 15.

— *Gmel. Syst. nat. p.* 3841, *n.* 24.

Côtes des îles de Bahama.

G. LICHENOÏDE. *G. lichenoïdes.*

Tab. 22, fig. 8.

G. rameaux un peu rugueux, non articulés, applatis aux extrémités par la dessication; *Lam. Hist. polyp. p.* 265, *n.* 403.

Corallina lichenoïdes; *dichotoma; ramis continuis, rugosiusculis, supernè complanatis; Sol. et Ellis, p.* 116, *n.* 14.

— *Gmel. Syst. nat. p.* 3841, *n.* 25.

Côtes des îles de Bahama.

DEUXIÈME SOUS-ORDRE.

CORALLINÉES ARTICULÉES.

NÉSÉE. *NESEA.*

Polypier en forme de pinceau, à tige simple, remplie intérieurement de fibres nombreuses et cornées, terminée par des rameaux articulés, cylindriques, dichotomes, réunis en tête; *Lam. Hist. polyp. p.* 253.

Corallina; *auctorum.*

Penicillus; *de Lam.*

N. PHŒNIX. *N. phœnix.*

Tab. 25, fig. 2, 3.

N. tige simple, à racine fibreuse; rameaux composés de plusieurs rangs d'articulations unies et convergentes, formant un bouquet oblong; *Lam. Hist. polyp. p.* 256, *n.* 387.

Corallina phœnix; *stipite simplici, incrustato; fronde oblonga; ramis undiquè fasculatis erumpentibus complanato-connatis; Sol. et Ellis, p.* 126, *n.* 34.

— *Gmel. Syst. nat. p.* 3843, *n.* 37.

Pinceau flabellé; *de Lam. Anim. sans vert. tom.* 2, *p.* 341, *n.* 3.

Côtes des îles de Bahama.

Nota. Il serait possible que cette espèce n'appartînt pas au genre Nésée. Cependant la figure 3 grossie a tant de rapport avec la figure 6, qu'il me semble difficile que les *Nesea phœnix* et *penicillus* ne soient pas du même genre.

N. ANNELÉE. *N. annulata.*

Tab. 7, fig. 5, 6, 7, 8, et tab. 25, fig. 1.

N. tige simple, annelée ou fortement marquée de rides transversales; *Lam. Hist. polyp. p.* 256, *n.* 388.

Corallina peniculum; *stipite simplici, membranaceo, ruguloso; ramis fasciculatis fastigiatis dichotomis articulatis; Sol. et Ellis, p.* 127, *n.* 36.

— *Gmel. Syst. nat. p.* 3843, *n.* 38.

Pinceau annelé; *de Lam. Anim. sans vert. tom.* 2, *p.* 341, *n.* 2.

Océan des Antilles.

Nota. Les auteurs, d'après Ellis, regardent comme appartenant à la même espèce les polypiers figurés planche 7, figure 5 — 8, et planche 25, figure 1: ils me semblent différents; bien plus, je crois qu'ils devraient constituer un genre particulier intermédiaire entre les Nésées et les Polyphyses.

N. PINCEAU. *N. penicillus.*

Tab. 25, fig 4.

N. tige cylindrique, presque égale dans toute sa longueur; rameaux en tête, nombreux et filiformes; *Lam. Hist. polyp. p.* 257, *n.* 390.

Corallina penicillus; *stipe simplici, incrustato; ramis fasciculatis fastigiatis, dichotomis, filiformibus, articulatis; Sol. et Ellis, p.* 126, *n.* 35.

— *Pall. Elench. p.* 428, *n.* 10.

— *Gmel. Syst. nat. p.* 3843, *n.* 7.

Pinceau capité; *de Lam. Anim. sans vert. tom.* 2, *p.* 341, *n.* 1.

Océan des Antilles.

N. PYRAMIDALE. *N. pyramidalis.*

Tab. 25, fig. 5, 6.

N. tige très-large à sa base, diminuant graduellement, et couronnée par des rameaux presque d'un millimètre de diamètre, moins nombreux

que dans l'espèce précédente; *Lam. Hist. polyp. p.* 258, *n.* 391.

N. caule conico; ramis fasciculatis parùm numerosis.

Corallina penicillus, var.; *Sol. et Ellis, p.* 126, *n.* 35.

Océan des Antilles.

Nota. Solander, d'après Ellis, prétend que la Coralline pinceau varie par la grandeur, le diametre des rameaux, ainsi que sous plusieurs autres rapports: lorsque ces différences se réunissent à des caractères constants, elles deviennent propres à définir des espèces faciles à reconnaître; c'est ce qui m'a décidé à séparer les figures 5 et 6 de la figure 4, planche 25, et à les considérer comme appartenant à une espèce particulière.

—————

JANIE. *JANIA.*

Polypier muscoïde, capillacé, dichotome, articulé; articulations cylindriques; axe corné; écorce moins crétacée que celle des Corallines; *Lam. Hist. polyp. p.* 266.

Corallina; *auctorum.*

J. A PETITES ARTICULATIONS. *J. micrarthrodia.*

Tab. 69, fig. 7, 8.

J. articulations très-courtes et rapprochées les unes des autres; *Lam. Hist. polyp. p.* 271, *n.* 411, *pl.* 9, *f.* 5, *a, B.*

J. articulis brevibus approximatis.

Sur les fucus de l'Australie.

J. ÉPAISSE. *J. crassa.*

Tab. 69, fig. 9, 10.

J. rameaux nombreux, un peu divergents, légèrement flexueux et d'un diametre plus fort que celui d'une soie de sanglier; articulations deux fois plus longues que larges; grandeur, trois à quatre centimètres; couleur pourpre verdâtre.

J. ramis numerosis, paululùm divaricatis, leviter flexuosis, crassioribus setâ aprugnâ.

Baie de Dusky, dans la nouvelle Zélande.

Reçue du D. Leach.

J. ROUGE. *J. rubens.*

Tab. 69, fig. 11, 12.

J. articulations des dichotomies en forme de massue, toutes les autres cylindriques ; ovaires polymorphes solitaires ou en chapelet, ceux de l'extrémité toujours avec un ou deux appendices ; *Lam. Hist. polyp. p.* 271, *n.* 412, *pl.* 9, *fig.* 6 *et* 7.

J. articulis stirpium teretibus, dichotomiæ clavatis ; ovariis polymorphis, appendiculatis, vel concatenatis.

Corallina rubens ; *Sol. et Ellis, p.* 123, *n.* 28.

— *Ellis, Corall. p.* 64, *n.* 5, *tab.* 24, *f. e, E.*

— *Pall. Elench. p.* 426, *n.* 7.

— *Gmel. Syst. nat. p.* 3839, *n.* 3.

Coralline rougeâtre ; *de Lam. Anim. sans vert.* tom. 2, *p.* 332, *n.* 20.

Corallina cristata ; *Sol. et Ellis, p.* 121, *n.* 26.

— *Pall. Elench. p.* 425, *n.* 6.

— *Ellis, Corall. p.* 65, *n.* 7, *tab.* 24, *fig. f, F.*

Coralline à crêtes ; *de Lam. Anim. sans vert.* tom. 2, *p.* 333, *n.* 21.

Corallina spermophoros ; *Sol. et Ellis, p.* 122, *n.* 27.

— *Ellis, Corall. p.* 66, *n.* 8, *tab.* 24, *f. g, G.*

— *Gmel. Syst. nat. p.* 3840, *n.* 22.

Coralline porte-graine ; *de Lam. Anim. sans vert.* tom. 2, *p.* 332, *n.* 18.

Mers d'Europe et d'Amérique.

Nota. Peu de polypiers varient autant que la Janie rouge ; c'est au point qu'il est très-difficile de trouver des caractères pour classer les variétés, si l'on ne possède beaucoup d'échantillons de cette Corallinée. Peut être que la plupart sont de véritables espèces qui se perpétuent et qui ne changent jamais ; mais tant de caractères les lient à leurs congénères qu'il est presque impossible de les décrire d'une manière exacte.

L'âge du polypier, la présence, la forme, le nombre et la situation des ovaires qui varient avec l'âge et les localités, ont fait donner différentes épithètes à la Janie rouge, et forment ses nombreuses variétés.

CORALLINE. *CORALLINA.*

Polypier phytoïde, articulé, rameux, trichotome ; axe entièrement composé de fibres cornées ; écorce crétacée, cellulaire ; cellules invisibles à l'œil nu.

C. DE CUVIER. *C. Cuvieri.*

Tab. 69, fig. 13, 14.

C. très-rameuse ; rameaux bipinnés ; divisions planes, partant de chaque articulation et comme imbriquées ; articulations presque globuleuses dans les tiges, comprimées dans les rameaux et leurs divisions, cylindriques dans les pinnules ; ovaires ovoïdes ou globuleux au sommet des pinnules ; couleur violet rougeâtre ; *Lam. Hist. polyp. p.* 286, *n.* 421, *pl.* 9, *f.* 8, *a, B.*

C. ramis bipinnatis ; ramulis imbricatis ; pinnulis setaceis ; articulis globosis, compressis teretibusque.

Mers de l'Australie.

Nota. J'ai dédié cette belle Coralline à M. Cuvier, auteur du Tableau méthodique du règne animal ; ouvrage qui le rend digne d'être nommé l'ARISTOTE DES SIÈCLES MODERNES. Puisse-t-il agréer avec bienveillance cet hommage d'un cœur reconnaissant !

C. GRANIFÈRE. *C. granifera.*

Tab. 21, fig. c, C.

C. trichotome ou presque rameuse ; articulations des tiges comprimées, cunéiformes, celles des rameaux lancéolées, presque cylindriques ; ovaires ovales, pédonculés, opposés, souvent prolifères ou en chapelet ; *Lam. Hist. polyp. p.* 287, *n.* 423.

C. trichotoma ; articulis stirpium compressis, cuneiformibus, ramulorum subteretibus ; ovariis ovalibus, pedunculatis, oppositis, interdùm proliferis ; Sol. et Ellis, p. 120, *n.* 24.

— *Gmel. Syst. nat. p.* 3838, *n.* 19.

— *de Lam. Anim. sans vert. tom.* 2, *p.* 330, *n.* 8.

Méditerranée, *Ellis ;* Océan Atlantique, *de Lamarck,*

C. SUBULÉE.

C. SUBULÉE. *C. subulata.*

Tab. 21, fig. b, B.

C. articulations de la tige tranchantes et cunéiformes, prolifères à leurs angles supérieurs; rameaux courts et en alène, avec les articulations cylindriques; *Lam. Hist. polyp. p.* 288, *n.* 424.

C. trichotoma; articulis stirpium ancipitibus, cuneiformibus, ex apice utriusque lateris proliferis; ramulis brevibus, subulatis; articulis teretibus; Sol. et Ellis, p. 119, *n.* 23.

— *Gmel. Syst. nat. p.* 3838, *n.* 18.

Océan atlantique, côtes d'Amérique.

C. DU CALVADOS. *C. Calvadosii.*

Tab. 23, fig. 14, 15.

C. articulations irrégulièrement comprimées, quelquefois zonées comme dans le genre *Padina;* celles de la tige et des rameaux inférieurs plus larges que longues, presque triangulaires, et marquées de deux ou trois sillons; celles des extrémités, presque cylindriques; grandeur, trois à quatre centimètres; *Lam. Hist. polyp. p.* 290, *n.* 430.

C. articulis irregulariter compressis, aliquoties zonatis; infernis latis subtriangularibus; supernis subteretibus.

C. officinalis, var., *Sol. et Ellis.*

Sur le rocher du Calvados et dans les environs de Port-en-Bessin.

Nota. Cette espèce, regardée par Solander comme une variété de la Coralline officinale, se rapproche davantage de la Coralline palmée, originaire d'Amérique; elle diffère de l'une et de l'autre par des caractères bien tranchés, et me paraît devoir former une espèce particulière; je l'ai nommée *Corallina Calvadosii,* du nom du département et du rocher sur lequel elle se trouve.

C. PALMÉE. *C. palmata.*

Tab. 21, fig. a, A.

C. articulations comprimées, convexes, cunéiformes; les supérieures larges et lobées; *Lam. Hist. polyp. p.* 291, *n.* 431.

C. trichotoma; articulis compressis, convexius-

culis, cuneiformibus, apice subcorniculatis; articulis ultimis latis, lobis digitiformibus instructis; Sol. et Ellis, p. 118, *n.* 20.

— *Gmel. Syst. nat. p.* 3838, *n.* 16.

C.... squamata; Esper, Zooph., Suppl. 2, *tab.* 4, *fig.* 1, 2.

Coralline sapinette; *de Lam. Anim. sans vert. tom.* 2, *p.* 329, *n.* 5.

Coralline en corymbe; *de Lam. Anim. sans vert. tom.* 2, *p.* 331, *n.* 12.

Océan atlantique américain.

Nota. M. de Lamarck cite Esper avec un point de doute pour sa Coralline sapinette, et Ellis également avec un point de doute, pour sa Coralline en corymbe. Comme je suis certain que les *Corallina palmata* d'Ellis et *squamata* d'Esper appartiennent à la même espèce, j'ai dû y réunir les *Corallina abietina* et *corymbosa* de M. de Lamarck.

CYMOPOLIE. *CYMOPOLIA.*

Polypier phytoïde, dichotome, moniliforme; articulations cylindriques, distantes les unes des autres; cellules presque visibles à l'œil nu; *Lam. Hist. polyp. p.* 292.

Corallina; *auctorum.*

C. ROSAIRE. *C. rosarium.*

Tab. 21, fig. h, H, H 1 — 3.

C. articulations presque globuleuses, les inférieures cylindriques; les unes et les autres presque séparées par un très-petit intervalle; *Lam. Hist. polyp. p.* 294, *n.* 435.

Corallina rosarium; dichotoma; articulis submoniliformibus, inferioribus cylindricis; Sol. et Ellis, p. 111, *n.* 6.

— *Gmel. Syst. nat. p.* 3842, *n.* 32.

Coralline chapelet; *de Lam. Anim. sans vert. tom.* 2, *p.* 330, *n.* 10.

Mer des Antilles.

AMPHIROE. *AMPHIROA.*

Polypier phytoïde articulé ; rameaux épars, ou dichotomes, ou trichotomes, ou verticillés ; articulations en général longues , séparées les unes des autres ; dans les intervalles l'axe est découvert, sa substance est compacte et cornée ; *Lam. Hist. polyp. p. 294.*

Corallina ; *auctorum.*

A. TRÈS-FRAGILE. *A. fragilissima.*

Tab. 21 , fig. d (*mala*).

A. presque dichotome ; rameaux capillacés ; articulations cylindriques avec un renflement en forme de bourlet à leur extrémité. *Lam. Hist. polyp. p. 298 , n. 439.*

Corallina fragilissima ; *dichotoma ; articulis cylindricis , æqualibus , lævibus ; ramis erectis ; Sol. et Ellis , p. 123 , n. 29.*

— *Gmel. Syst. nat. p. 3840 , n. 3.*

— *Esper, Zooph. tab. 5, f. 1 , 2 (mala).*

Corallina rigens ; *Pall. , Elench. , p. 429, n. 11.*

Méditerranée , *Gmelin ;* mer des Indes , *Pallas ;* Antilles , *Ellis , Pallas.*

A. FOURCHUE. *A. cuspidata.*

Tab. 21 , fig. f.

A. ordinairement tetrachotome , quelquefois à deux ou trois divisions ; articulations longues , cylindriques ; extrémités aiguës ; *Lam. Hist. polyp. p. 300 , n. 443.*

Corallina cuspidata ; *subtetrachotoma ; articulis cylindricis , geniculis tendinaceo-glutinosis , ramulis acutis ; Sol. et Ellis , p. 124 , n. 30.*

— *Gmel. Syst. nat. p. 3842 , n. 33.*

Coralline cuspidée ; *de Lam. Anim. sans vert. tom. 2 , p. 334 , n. 26.*

Mer des Antilles.

A. CHAUSSE-TRAPPE. *A. tribulus.*

Tab. 21 , fig. e.

A. très-rameuse, diffuse, subpentachotom

presque pierreuse ; rameaux divergents ou étoilés, et articulés ; articulations cylindriques, comprimées, ou ancipitées ; *Lam. Hist. polyp. p. 301, n. 448.*

Corallina tribulus ; *subpentachotoma ; articulis ancipitibus , geniculis tendinaceo glutinosis ; Sol. et Ellis , p. 124 , n. 31.*

— *Gmel. Syst. nat. p. 3842 , n. 34.*

Coralline chausse trappe ; *de Lam. Anim. sans vert. tom. 2 , p. 334 , n. 27.*

Mer des Antilles.

HALIMÈDE. *HALIMEDA.*

Polypier phytoïde articulé ; articulations planes ou comprimées , très-rarement cylindriques , presque toujours flabelliformes ; axe fibreux ; écorce crétacée, en général peu épaisse ; *Lam. Hist. polyp. p. 302.*

Corallina ; *auctorum.*

Flabellaria ; *de Lam.*

H. COLLIER. *H. monile.*

Tab. 20 , fig. c.

H. articulations inférieures comprimées , convexes , cunéiformes , oblongues ; les supérieures presque cylindriques ; *Lam. Hist. polyp. p. 306 , n. 449.*

Corallina monile ; *trichotoma , articulata ; articulis inferioribus compressis , convexis , cuneiformibus , oblongis, superioribus subcylindricis ; Sol. et Ellis , p. 110 , n. 3.*

— *Gmel. Syst. nat. p. 3837 , n. 10.*

Océan des Antilles.

H. ÉPAISSE. *H. incrassata.*

Tab. 20 , fig. d, d 1 — 3, D 1 — 6.

H. tige courte ; articulations convexes, comprimées ou planes, polymorphes ; *Lam. Hist polyp. p. 307 , n. 450.*

Corallina incrassata ; *trichotoma , articulata ; ar-*

CORALLINÉES.

ticulis compressis, convexo-planis, cuneiformibus ; *Sol. et Ellis*, p. 111, n. 4.

— *Gmel. Syst. nat.* p. 3837, n. 11.

C.... crassa ; *Esper, Zooph. tab.* 2 (*mala*).

Flabellaire épaissie ; *de Lam. Anim. sans vert.* tom. 2, p. 344, n. 4.

Océan des Antilles.

> *Nota.* Les caractères qui distinguent les *Halimeda incrassata* et *monile* se confondent souvent dans le même individu ; ne faudrait-il pas les réunir, ou les regarder, tout au plus, comme des variétés l'une de l'autre ?

H. TRIDENT. *H. tridens.*
Tab. 20, fig. a.

H. articulations applaties et à trois lobes ; *Lam. Hist. polyp.* p. 308, n. 453.

Corallina tridens ; *trichotoma, articulata ; articulis compressis, planis, trilobis ; Sol. et Ellis*, p. 109, n. 1.

— *Gmel. Syst. nat.* p. 3836, n. 9.

Océan des Antilles.

H. RAQUETTE. *H. opuntia.*
Tab. 20, fig. b.

H. tige presque nulle ; ramifications trichotomes presque éparses ; articulations comprimées, flabelliformes ou réniformes, ondulées sur les bords ; *Lam. Hist. polyp.* p. 308, n. 454.

Corallina opuntia ; *trichotoma, articulata ; articulis compressis undulatis, reniformibus ; Sol. et Ellis*, p. 110, n. 2.

— *Pall. Elench.* p. 420, n. 2.

— *Gmel. Syst. nat.* p. 3836, n. 1.

— *Esper, Zooph.* 2, tab. 1.

Flabellaire festonnée ; *de Lam. Anim. sans vert.* tom. 2, p. 345, n. 7.

Océan atlantique, *Ellis*; Océan indien, *Ellis*; Méditerranée, *Pallas, Gmelin*; Amérique, *Pallas.*

> *Nota.* Il paraît que Pallas a confondu ensemble les *Halimeda opuntia* et *tuna.* Gmelin a copié tous les synonymes de Pallas, sans s'embarrasser de savoir s'ils se rapportaient ou non à l'Halimède raquette.

CORALLINÉES. 27

H. TUNE. *H. tuna.*
Tab. 20, fig. e.

H. articulations planes, presque discoïdes ; *Lam. Hist. polyp.* p. 309, n. 455, *pl.* 11, *f.* 8, *a, b.*

Corallina tuna ; *trichotoma, articulata ; articulis compressis, planis, subrotundis; Sol. et Ellis*, p. 111, n. 5.

— *Gmel. Syst. nat.* p. 3837, n. 12.

Flabellaire raquette ; *de Lam. Anim. sans vert.* tom. 2, p. 344, n. 5.

Méditerranée, *Ellis*; Océan atlantique, *Lam.*

> *Nota.* J'ai reçu souvent ce beau polypier de plusieurs îles de l'Océan atlantique équatoreal; suivant les localités, la forme des articulations varie de celle d'un rein, à celle d'un triangle alongé.

TROISIÈME SOUS-ORDRE.
CORALLINÉES INARTICULÉES.
UDOTÉE. *UDOTEA.*

Polypier non articulé, flabelliforme ; écorce crétacée non interrompue et marquée de plusieurs lignes courbes, concentriques, parallèles et transversales ; *Lam. Hist. polyp.* p. 310.

Corallina ; *auctorum.*

Flabellaria ; *de Lam.*

U. FLABELLIFORME. *U. flabellata.*
Tab. 24, fig. A, B, C, D.

U. tige simple à racine fibreuse ; expansion divisée en rameaux flabellés, rarement prolifères ; *Lam. Hist. polyp.* p. 311, n. 456, *pl.* 12, *f.* 1.

Corallina flabellum ; *stipite simplici, incrustato; ramis omnibus conglutinatis ; fronde flabelliformi, incrustata, subundulata; Sol. et Ellis*, p. 124, n. 32.

— *Gmel. Syst. nat.* p. 3842, n. 35.

C.... pavonia ; *Esper, Zooph. tab.* 8 *et* 9.

Flabellaire pavone ; *de Lam. Anim. sans vert.* tom. 2, p. 343, n. 2.

Océan des Antilles.

4.

Nota. M. de Lamarck distingue dans cette espèce plusieurs variétés qui ne diffèrent que par les lobes , caractère qui me paraît individuel , et impropre à caractériser une variété.

La planche VIII d'Esper présente une figure tellement divisée , qu'il m'est impossible de la regarder comme naturelle, d'autant que la planche IX du même auteur a été entièrement copiée dans Ellis. M. de Lamarck cite la figure D de la planche XXIV de Sol. et Ellis , pour variété de son *Flabellaria pavonia* , et la même figure D pour sa Flabellaire à grosse tige. Ce polypier n'étant pas articulé , ne peut appartenir aux Halimèdes , et ne peut être regardé que comme une simple variété individuelle de l'Udotée flabelliforme.

U. CONGLUTINÉE. *U. conglutinata.*

Tab. 25 , fig. 7.

U. tige simple, à racine fibreuse ; expansion toujours simple et flabelliforme ; *Lam. Hist. polyp. p.* 312 , *n.* 457.

Corallina conglutinata ; *stipite simplici , subincrustato ; ramis dichotomis , omnibus conglutinatis ; fronde flabelliformi nuda ; Sol. et Ellis , p.* 125 , *n.* 33.

— *Gmel. Syst. nat. p.* 3843 , *n.* 36.

Flabellaire simple ; *de Lam. Anim. sans vert. tom.* 2 , *p.* 343 , *n.* 1.

Côtes des îles de Bahama.

Nota. Ne serait-ce pas une variété individuelle de l'Udotée flabelliforme ?

TROISIEME-SECTION.

POLYPIERS CORTICIFÈRES.

Polypiers composés de deux substances , une extérieure et enveloppante , nommée écorce *ou* encroûtement *; l'autre appelée* axe *, placée au centre et soutenant la première*

ORDRE HUITIÈME.

SPONGIÉES.

Polypes nuls ou invisibles. Polypiers formés de fibres entrecroisées en tout sens, coriaces ou cornées, jamais tubuleuses et enduites d'une hu-

meur gélatineuse , très-fugace et irritable suivant quelques auteurs ; *Lam. Hist. polyp. p.* 1.

Nota. Des naturalistes regardent cette matière gélatineuse comme l'animal même des Eponges.

EPHYDATIE. *EPHYDATIA.*

Polypier fluviatile , spongiforme , verdâtre , en masse alongée , lobée ou glomérulée ; *Lam. Hist. polyp. p.* 2.

Spongia ; *auctorum.*

Cristatella ; *de Lam.*

Spongilla ; *de Lam.*

Nota. Les Ephydaties doivent-elles être classées parmi les productions animales ou parmi les végétaux ? D'après les observations nouvelles que j'ai faites depuis la publication de mon Histoire générale des polypiers flexibles, je suis plus porté que jamais à les regarder comme des plantes. L'odeur , la couleur , l'action de l'air , de la chaleur , de l'humidité et de la lumière , l'absence totale d'encroûtement gélatineux et fugace analogue à celui des éponges, mais seulement la présence d'une substance onctueuse semblable à celle qui recouvre certaines Charagnes ; enfin , l existence de grains opaques à certaines époques de l'année , et dont la nature est encore inconnue , tous ces caractères réunis éloignent les Ephydaties de la nombreuse famille des Eponges marines : je les ai cependant réunies dans le même ordre, parce que , leur nature étant encore douteuse , j'ai dû suivre l'opinion du célèbre professeur du Jardin des Plantes , M. de Lamarck.

E. FRIABLE. *E. friabilis.*

E. cendrée , friable , sans forme déterminée , un peu lobée , ou avec quelques rameaux courts et anastomosés ; *Lam. Hist. polyp. p.* 6 , *n.* 3.

Spongia friabilis ; *cinerea , friabilis , sessilis , amorpha , subramosa ; Gmel. Syst. nat. p.* 3826 , *n.* 49.

— *Esper, Zooph. Suppl. tab.* 62.

Spongille friable ; *de Lam. Anim. sans vert. tom.* 2 , *p.* 100 , *n.* 2.

Dans les étangs ; assez rare.

E. DES LACS. *E. lacustris.*

E. rampante , fragile ; rameaux droits, cylindriques et obtus ; *Lam. Hist. polyp. p.* 6 , *n.* 4.

Spongia lacustris ; *conformis , repens , fragilis ; ramis erectis , teretibus , obtusis ; Gmel. Syst. nat. p. 3825 , n. 15.*

Dans les lacs et les étangs d'eau douce.

ÉPONGE. *SPONGIA.*

Polypier en masse très-poreuse , lobée , ramifiée , turbinée ou tubuleuse , formée de fibres cornées ou coriaces , menues , élastiques , entrelacées , ag-glutinées ou anastomosées ensemble , s'imbibant d'eau avec facilité dans l'état sec , et enduites ou encroûtées dans l'état vivant d'une substance gé-latineuse irritable et très-fugace.

E. CELLULEUSE. *S. cellulosa.*
Tab. 54, fig. 1, 2.

Ep. sessile , ovale , souvent lobée , composée de cavités alveolaires , inégales , presque régu-lières , avec des parois épaisses et poreuses ; pores grands et épars.

Spongia cellulosa ; *sessilis , ovata , sublobata , fulva , superficie favosa ; favis subangulatis inæqua-libus ; interstitiis parietibusque crassiusculis , po-rosis ; de Lam. Anim. sans vert. tom. 2 , p. 355 , n. 12.*

— *Sol. et Ellis ; absque descriptione.*

— *Esper, Zooph. Suppl.* 1 , *tab.* 60.

— *Lam. Hist. polyp. p.* 24 , *n.* 16.

Ile King ; Australasie.

Nota. Ce n'est qu'avec doute que je place ce polypier parmi les Eponges , non pas à cause de la forme angu-leuse et irrégulière des cavités , quoique ce caractère s'observe rarement dans cette famille , mais à cause de la nature de l'objet peu fibreuse , solide et dont les pores à bord nettement tranchés ressemblent plus aux cel-lules des polypiers madréporiques qu'aux oscules des spongiées.

E. DE THAÏTI. *S. Othaïtica.*
Tab. 59, fig. 1, 2, 3.

Ep. cratériforme , entière ou profondément in-cisée et lobée , quelquefois presque flabellée , en-croûtée , couverte de crevasses longitudinales , à

---

bords élevés , interrompus , hérissés , spongieux et sans encroûtement.

Sp. partim incrustata , cyathiformis , subintegra , vel inciso-lobata ; crustâ grossè rimulosâ ; rimulis longitudinalibus ; interstitiis elevatis , asperatis ; ocellis immersis , obsoletis ; de Lam. Anim. sans vert. tom. 2 , *p.* 365 , *n.* 54.

— *Sol. et Ellis ; absque descriptione.*

— *Esper, Zooph. Suppl.* 1 , *tab.* 7 , *f.* 7, 8.

— *Lam. Hist. polyp. p.* 44 , *n.* 70.

Mers de Thaïti et de l'Australasie.

Nota. D'après les échantillons que je possède , je ne peux regarder les variétés mentionnées par M. de Lamarck que comme des variétés individuelles.

E. FICIFORME. *S. ficiformis.*
Vulg. *Figue de mer.*
Tab. 59 , fig. 4.

Ep. roide , compacte , fibreuse , sans encroûte-ment , en forme irrégulière de Figue ou de Poire ; sommet percé d'un oscule assez grand.

Sp. foraminulenta , rigida , turbinata ; apice per-forato; Poir. Voy. en Barb. tom. 2 , *p.* 61.

— *Sol. et Ellis ; absque descriptione.*

— *Gmel. Syst. nat. p.* 3825 , *n.* 48.

— *Lam. Hist. polyp. p.* 47 , *n.* 79.

Côtes de Barbarie , *Poiret* ; Méditerranée.

Nota. M. de Lamarck regarde comme un Alcyon le polypier figuré par Ellis , et le nomme d'après quelques auteurs Alcyon ficiforme , ou *Alcyonium ficus.* Je n'aurais pas balancé à suivre cette opinion , si M. Poiret , qui a consigné d'excellentes observations sur les zoophytes dans son voyage sur les côtes de Barbarie , ne distin-guait l'Eponge ficiforme de l'Alcyon figue de mer. Je possède la première espece. Il existe donc , dans la Mé-diterranée , deux polypiers aussi différents dans l'état de vie qu'ils sont ressemblants dans l'état de dessication , et que les auteurs ont souvent confondus ensemble , quoi-que leur substance desséchée présente des caractères particuliers. L'*Alcyonium ficus* forme maintenant le genre *Polyclinum* de Cuvier , ou *Aplidium* de M. de Savigni.

E. TUBULEUSE. *S. tubulosa.*
Tab. 58 , fig. 7.

Ep. rameuse , cylindrique , irrégulière , contournée, légèrement hispide; tubes très-courts, nombreux, diffus, quelquefois distiques, terminés par un oscule variant de forme et de grandeur; tissu fibreux assez finement réticulé.

Sp. tubulosa, ramosa, tenax; tubulis secundis arrectis, apicibus attenuatis; Sol. et Ellis, p. 188, n. 9.

— *Gmel. Syst. nat. p. 3819, n. 6.*

— *Esper, Zooph. Suppl. 1, tab. 54.*

Sp. fastigiata; *Pall. Elench. p. 392, n. 241.*

Eponge bullée, var. 2; *de Lam. Anim. sans vert. tom. 2, p. 368, n. 70.*

— Var. B; *Lam. Hist. polyp. p. 51, n. 88.*

Eponge tubuleuse; *de Lam. Anim. sans vert. tom. 2, p. 369, n. 73.*

— *Lam. Hist. polyp. p. 52, n. 91.*

Océan indien.

Nota. M. de Lamarck regarde l'Eponge tubuleuse de Linné comme la seconde variété de son Eponge bullée. Ellis cite le naturaliste suédois pour son *Spongia tubulosa* : il y a erreur de la part d'Ellis ou de M. de Lamarck. Ce dernier regarde le polypier figuré par Ellis comme la seconde variété de son Eponge tubuleuse, et il ne donne aucune synonymie pour la première D'après les descriptions et les figures de ces polypiers, je crois que le *Spongia bullata* de M. de Lamarck est une espèce distincte, que sa var. 2 doit être réunie à notre *Spongia tubulosa*, qui offre beaucoup de variétés individuelles, mais point de variétés constantes susceptibles d'être mentionnées.

E. COURONNÉE. *S. coronata.*
Tab. 58, fig. 8, 9.

Ep. tubuleuse, simple, très-petite; extrémité couronnée de rayons épineux.

Sp. simplex, tubulosa, minima; apice spinulis radiatis coronata; Sol. et Ellis, p. 190, n. 13.

— *Gmel. Syst. nat. p. 3819, n. 17.*

— *Esper, Zooph. Suppl. 1, tab. 61, f. 5, 6.*

— *de Lam. Anim. sans vert. tom. 2, p. 370, n. 77.*

— *Lam. Hist. polyp. p. 54, n. 95.*

Côtes de France et d'Angleterre.

E. PALMÉE. *S. palmata.*
Tab. 58, fig. 6.

Ep. tige courte, épaisse, comprimée, encroûtée; ramifications palmées, applaties avec des digitations élargies, lobées, ou fourchues, ou trifides à leur sommet; quelques oscules épars sur les deux surfaces.

Sp. palmata; digitis apice subdivisis; poris prominulis, inordinatè dispositis; Sol. et Ellis, p. 189, n. 10.

— *Gmel. Syst. nat. p. 3822, n. 23.*

An spongia oculata? Esper, Zooph. 2, tab. 1.

Eponge palmée; *de Lam. Anim. sans vert. tom. 2, p. 379, n. 120.*

— *Lam. Hist. polyp. p. 74, n. 142.*

Côtes de France et d'Angleterre.

Nota. M. de Lamarck, après avoir cité pour son Eponge palmée la fig. 6, pl. 58 d'Ellis, le cite encore, mais avec un point de doute, pour son Alcyon opuntioïde, tom. 2, pag. 399. Le polypier figuré par Ellis, très-commun sur les côtes du Calvados, est une véritable Eponge très-voisine du *Spongia oculata*, et qui n'a aucun rapport avec les Alcyons.

E. BOTRYOÏDE. *S. botryoïdes.*
Tab. 58, fig. 1, 2, 3, 4.

Ep. petite, rameuse; rameaux diffus, couverts de spinules triples, terminés par de petits renflemens cylindriques, ovales ou oblongs, ouverts au sommet, d'une substance drapée finement poreuse.

Sp. tenerrima, ramosa quasi racemosa; racemis cavis, uviformibus; apicibus apertis; Sol. et Ellis, p. 190, n. 12.

— *Gmel. Syst. nat. p. 3823, n. 25.*

— *Esper, Zooph. Suppl. 1, tab. 61, f. 1 — 4.*

— *de Lam. Anim. sans vert. tom. 2, p. 382, n. 137.*

— *Lam. Hist. polyp. p. 81, n. 159.*

Côtes de France et d'Angleterre.

Nota Il en existe une variété presque toujours simple, petite, plus large que haute, et que j'ai trouvée quelquefois sur des thalassiophytes des environs de Marseille : c'est peut-être une espèce nouvelle.

E. PROLIFÈRE. *S. prolifera.*

Tab. 58, fig. 5.

Ep. plusieurs fois rameuse et palmée ; digitations distinctes ; substance réticulée intérieurement ; surface extérieure garnie de petites épines ; *Lam. Hist. polyp. p.* 81, *n.* 161.

Sp. multoties ramoso-palmata ; digitis distinctis ; Sol. et Ellis, p. 189, *n.* 11.

—— *Gmel. Syst. nat. p.* 3822, *n.* 24.

Amérique septentrionale.

———————

ORDRE NEUVIÈME.

GORGONIÉES.

Polypiers dendroïdes, inarticulés, formés intérieurement d'un axe en général corné et flexible, rarement assez dur pour recevoir un beau poli, quelquefois alburnoïde, ou de consistance subéreuse et très-mou. Cet axe est enveloppé dans une écorce gélatineuse et fugace, ou bien charnue, crétacée, plus ou moins tenace, toujours animée et souvent irritable, renfermant les polypes et leurs cellules, et devenant friable par la dessication ; *Lam. Hist. polyp. p.* 363.

———————

ANADYOMÈNE. *ANADYOMENA.*

Polypier flabelliforme, sillonné de nervures articulées, symétriques, presque diaphanes, enveloppées dans une substance gélatineuse ; *Lam. Hist. polyp. p.* 363.

A. FLABELLÉE. *A. flabellata.*

Tab. 69, fig. 15, 16.

A. flabelliforme, sillonnée de nervures arti-

culées, formant un réseau à figures régulières et symétriques comme celui de certaines Dentelles ; *Lam. Hist. polyp. p.* 365, *n.* 515, *pl.* 14, *f.* 3, *a, B.*

A. flabelliformis ; nervis articulatis in modum texti figuris regularibus eleganter distincti.

Mousse de Corse des pharmaciens. —— Environs de Marseille, d'où me l'a envoyée mon ami M. de Lalauzière, officier d'infanterie.

———————

ANTIPATE. *ANTIPATHES.*

Polypier dendroïde simple ou rameux ; axe corné quelquefois hispide, souvent hérissé de petites épines, rarement glabre ; écorce polypifère, gélatineuse, glissante et disparaissant presque en entier par la dessication.

A. SPIRALE. *A. spiralis.*

Tab. 19, fig. 1, 2, 3, 4, 5, 6.

A. tige simple, longue, spirale ou simplement ondulée ; *Lam. Hist. polyp. p.* 373, *n.* 516.

A. simplicissima, spiralis, scabra ; Sol. et Ellis, p. 99, *n.* 1.

—— *Pall. Elench. p.* 217, *n.* 141.

—— *Gmel. Syst. nat. p.* 3795, *n.* 1.

—— *Esper, Zooph.* 2, *tab.* 8.

—— *de Lam. Anim. sans vert. tom.* 2, *p.* 305, *n.* 1.

Océan indien, *Ellis,* etc. ; Méditerranée, *Baker ;* Norwège, *Brünnichen.*

Nota. J'ai suivi l'opinion des auteurs en réunissant sous le même nom des polypiers originaires des mers de Norwège, de la Méditerranée et de l'Inde. D'après les descriptions et les figures de l'*Antipathes spiralis,* publiées par les naturalistes, je suis porté à croire que l'on a confondu plusieurs espèces entre elles.

A. AJONC. *A. ulex.*

Tab. 19, fig. 7, 8.

A. très-rameux, étalé ; rameaux ouverts, alternes, presque pinnés ; pinnules sétacées, très-

hérissées, presque distiques; *Lam. Hist. polyp.*
p. 377, *n.* 527.

A. ramosissima; ramis sparsis, patentibus,
hispidissimis, attenuatis; Sol. et Ellis, p. 100,
n. 2.

— *Gmel. Syst. nat. p.* 3795, *n.* 2.

An antipathes ulex ? de Lam. Anim. sans vert.
tom. 2, *p.* 307, *n.* 8.

Océan indien.

A. MYRIOPHYLLE.   *A. myriophylla.*

Tab. 19, fig. 11, 12.

A. tige très-rameuse et courbée; rameaux épars,
écartés; pinnules rares, sétacées, courtes, hérissées, quelquefois ramifiées; *Lam. Hist. polyp.*
p. 378, *n.* 529.

A. incurva, ramosissima, pinnata; pinnulis hinc
ramosis, setaceis; Sol. et Ellis, p. 102, *n.* 4.

— *Pall. Elench. p.* 210, *n.* 136.

— *Brug. Encyclop. p.* 79, *n.* 4.

— *de Lam. Anim. sans vert. tom.* 2, *p.* 307,
n. 9.

Océan indien, *Ellis*; Méditerranée, *Gmelin*;
Amérique ? *Pallas.*

Nota. Les auteurs ont décrit une variété de ce polypier; ses ramifications imitent plus le feuillage d'un
Thuya que celui d'une Millefeuille.

A. PRESQUE PINNÉ.   *A. subpinnata.*

Tab. 19, fig. 9, 10.

A. tige rameuse, pinnée, hispide; pinnules
sétacées et alternes; *Lam. Hist. polyp. p.* 379,
n. 532.

A. ramosa, pinnata, hispida; pinnulis seta-
ceis, alternis, pinnulis aliis (sed raris) transversè
exeuntibus; Sol. et Ellis, p. 101, *n.* 3.

— *Gmel. Syst. nat. p.* 3795, *n.* 3.

Méditerranée.

GORGONE. *GORGONIA.*

Polypier dendroïde, simple ou rameux; rameaux épars ou latéraux, libres ou anastomosés;
axe strié longitudinalement, dur, corné et élas-
tique, ou alburnoïde et cassant; écorce charnue
et animée, souvent crétacée, devenant par la dessication terreuse, friable et plus ou moins adhérente; polypes entièrement ou en partie rétractiles, quelquefois non saillants au-dessus des cellules, ou bien formant, sur la surface de l'écorce,
des aspérités tuberculeuses ou papillaires.

Nota. J'ai déjà divisé les Gorgones en plusieurs
genres, que l'on multipliera encore par la suite, lorsque l'on connaîtra parfaitement les polypes qui animent ces productions élégantes.

G. PINNÉE.   *G. pinnata.*

Tab. 14, fig. 3.

G. tige rameuse, pinnée, presque comprimée,
et marquée d'un ou de plusieurs sillons opposés;
pinnules presque toujours simples, nombreuses,
longues, linéaires, sillonnées; polypes alongés,
latéraux ou placés sur la partie la plus étroite des
pinnules; axe brun; écorce violette dans l'état
vivant; *Lam. Hist. polyp. p.* 396, *n.* 541.

Var. A, d'Amérique; pinnules toujours latérales.

Var. B, soyeuse; pinnules quelquefois éparses,
peu alongées.

Var. C, acéreuse; pinnules longues, flexibles,
éparses.

Var. D, sanguinolente; pinnules très-longues;
polypes d'un pourpre foncé presque noir.

Gorgonia pinnata; ramosa, pinnata; ramulis
suboppositis, compressis, osculis polypiferis, in mar-
ginibus seriatim dispositis; carne albida flavescente,
intùs purpurascente; osse corneo; Sol. et Ellis,
p. 87, *n.* 11.

Var. A, *americana; pinnulis semper lateralibus.*

Var. B, *setosa; pinnulis interdùm sparsis.*

Var. C, *acerosa; pinnulis elongatis, flaccidis,*
sparsis.

Var. D, *sanguinolenta; pinnulis longissimis; po-*
lypis elongatis, atropurpureis.

Gorgonia

Gorgonia americana; *Gmel. Syst. nat. p.* 3799, *n.* 17.

G. pinnata; *Gmel. Syst. nat. p.* 3806, *n.* 11.

— *Pall. Elench. p.* 174, *n.* 106.

G. acerosa; *Pall. Elench. p.* 172, *n.* 105.

G. setosa; *Gmel. Syst. nat. p.* 3807, *n.* 12.

G. sanguinolenta; *Pall. Elench. p.* 175, *n.* 107.

Mer de Norwège; Méditerranée; côtes d'Afrique et des Antilles.

Nota. J'ai réuni sous la même dénomination beaucoup de polypiers, regardés comme espèces. Il est probable que j'ai confondu des espèces très-différentes; mais les caractères qui les distinguent se fondent les uns dans les autres par des nuances si multipliées, qu'il est impossible de fixer les caracteres spécifiques de ces objets. Peut-être que des observations faites sur ces êtres lorsqu'ils jouissent de la vie, fourniront les moyens de rectifier mon ouvrage, en donnant les vrais caractères de ces gorgones et des animaux qui les habitent.

G. PIQUETÉE. *G. petechizans.*

Tab. 16.

G. très-rameuse; rameaux à deux sillons opposés; écorce jaune; polypes rouges, épars, ou par rangées simples et marginales, ou par rangées doubles; *Lam. Hist. polyp. p.* 398, *n.* 544.

Gorgonia abietina; *ramosa, pinnata; carne flava; osculis purpureis distichis; osse corneo flavescente; Sol. et Ellis,* p. 95, *n.* 22.

— *Gmel. Syst. nat. p.* 3808, *n.* 37.

— *de Lam. Mém. tom.* 2, *p.* 82, *n.* 10.

Gorgonia petechizans; *Pall. Elench. p.* 196, *n.* 125.

— *Gmel. Syst. nat. p.* 3803, *n.* 13.

Gorgone piquetée; *de Lam. Anim. sans vert. tom.* 2, *p.* 315, *n.* 10.

Océan Atlantique Africain.

Nota. Gmelin avait regardé comme deux espèces distinctes les *Gorgonia petechizans* et *G. abietina;* l'examen de ces polypiers, les descriptions et les figures données par les auteurs ne laissent aucun doute sur l'identité qui existe entre elles; elles ne forment qu'une seule espèce, à laquelle j'ai conservé le nom de *Petechizans,* à cause des caractères qui la rendent très-facile à reconnaître.

G. ÉTALÉE. *G. patula.*

Tab. 15, fig. 3, 4.

G. comprimée, tortueuse, rameuse, presque pinnée, très-rouge; polypes sur deux rangs; *Lam. Hist. polyp. p.* 399, *n.* 545.

G. compressa, tortuosa, ramosa, subpinnata, ruberrima; osculis distichis subrotundis, halone subalbido inclusis; osse subfusco corneo; Sol. et Ellis, p. 88, *n.* 13.

— *Gmel. Syst. nat. p.* 3800, *n.* 19.

Méditerranée.

Nota. Ellis est le seul auteur qui ait figuré et décrit ce beau polypier; il l'avait reçu de Donati : ce dernier n'en fait pas mention dans ses ouvrages.

G. PALME. *G. palma.*

Tab. 11.

G. comprimée, rameuse, presque pinnée; rameaux longs, ondulés, presque pinnés, cylindriques aux extrémités; axe brun, corné, très-comprimé; écorce écarlate; polypes petits, nombreux, épars; *Lam. Hist. polyp. p.* 399, *n.* 546.

Gorgonia flammea; *compressa, ramosa, subpinnata; osse complanato corneo; carne miniata, osculis creberrimis parvis notata; Sol. et Ellis,* p. 80, *n.* 2.

— *Gmel. Syst. nat. p.* 3801, *n.* 21.

Gorgonia palma; *Pall. Elench. p.* 189, *n.* 120.

— *Esper, Zooph.* 2, *tab.* 5.

Gorgone écarlate; *de Lam. Anim. sans vert. tom.* 2, *p.* 315, *n.* 9.

Cap de Bonne-Espérance, *Ellis;* Océan Indien, *Pallas.*

G. A FILETS. *G. verriculata.*

Tab. 17.

G. réticulée; mailles larges et anguleuses; rameaux cylindriques; réticulations grêles; polypes épars, un peu saillants et noirâtres; axe solide, ligneux et blanchâtre; écorce grisâtre; grandeur, environ 1 mètre. *Lam. Hist. polyp. p.* 404, *n.* 554.

G. ramosa , flabellata , amplissima ; ramulis di-varicatis , reticulatim coalescentibus ; cortice albido; poris verrucæformibus , sparsis ; de Lam. Anim. sans vert. tom. 2 *, p.* 313 *, n.* 3.

— *Esper, Zooph.* 2 *, tab.* 35.

Gorgonia reticulata ; *Sol. et Ellis ; sine descriptione.*

Ile de France, *Peron* et *Lesueur;* Océan Indien, *de Lamarck.*

G. PARASOI. *G. umbraculum.*

Tab. 10.

G. tige courte , se divisant en plusieurs palmes, étalees , très-rameuses ; ramifications libres ou coalescentes et verruqueuses ; *Lam. Hist. polyp.* p. 405, *n.* 557.

G. flabelliformis subreticulata ; ramis creberrimis , teretibus , divergentibus , carne rubra verrucosa obductis ; Sol. et Ellis , p. 80 *, n.* 1.

— *Gmel. Syst. nat. p.* 3801 *, n.* 22.

— *de Lam. Anim. sans vert. tom.* 2 *, p.* 314, *n.* 4.

Océan Indien ; mers de la Chine, *de Lam.*

G. SAILLANTE. *G. exserta.*

Tab. 15, fig. 1, 2.

G. cylindrique , rameuse ; rameaux alternes ; polypes saillants ; écorce écailleuse ; *Lam. Hist. polyp. p.* 408 *, n.* 564.

G. teres , sparsè-ramosa ; ramulis alternis ; osculis octovalvibus alternis ; polypis octotentaculatis exsertis ; carne squamulis albis vestita ; osse subfusco corneo ; Sol. et Ellis , p. 87, *n.* 12.

— *Gmel. Syst. nat. p.* 3800 *, n.* 18.

Océan Atlantique équatoreal ; côte d'Amérique.

G. CÉRATOPHYTE. *G. ceratophyta.*

Tab. 2, fig. 1, 2, 3. = Tab. 9, fig. 5, 6, 7, 8. = Tab. 12, fig. 2, 3.

G. rameaux alongés , sillonnés , presque dichotomes ; polypes sur deux rangs ; écorce rouge ; *Lam. Hist. polyp. p.* 413 *, n.* 574.

G. dichotoma ; axillis divaricatis ; ramis virgatis , ascendentibus , bisulcatis ; carne purpureâ; polypis niveis octotentaculatis , distichè sparsis , osse atro corneo suffulto ; Sol. et Ellis , p. 81, *n.* 4.

— *Pall. Elench. p.* 185, *n.* 117.

— *Gmel. Syst. nat. p.* 3800 *, n.* 6.

Gorgonia virgulata ; *de Lam. Anim. sans vert. tom.* 2 *, p.* 317, *n.* 21.

Océan Equatoreal, Américain, *Ellis, Pallas;* Méditerranée , *Marsigli.*

G. LIANTE. *G. viminalis.*

Tab. 12, fig. 1.

G. très-longue , rameuse , légèrement comprimée ; rameaux écartés, épars, alongés, droits ; polypes épars , un peu saillants ; *Lam. Hist. polyp.* p. 414 *, n.* 575.

G. ramis subteretibus , divaricatis , setaceis , sparsis , erectis ; carne flava ; polypis albis , octotentaculatis , distichis ; Sol. et Ellis , p. 82 *, n.* 5.

— *Pall. Elench. p.* 184 *, n.* 116.

— *Esper, Zooph. tab.* 11.

An G. graminea? de Lam. Anim. sans vert. tom. 2 *, p.* 318 *, n.* 23.

Méditerranée , *Pallas ;* Océan Atlantique , Etats-Unis , *Ellis.*

G. VERTICILLAIRE. *G. verticillaris.*

Tab. 2, fig. 4, 5.

G. rameuse , pinnée ; pinnules alternes , roides, simples ou peu rameuses ; polypes papilliformes , verticillés , redressés et recourbés en dedans ; grandeur, 6 à 7 décimètres ; *Lam. Hist. polyp. p.* 417, *n.* 582.

G. teres , pinnata , ramosa ; ramulis alternis parallelis ; osculis verticillatis incurvatis ; carne squamulis albidis vitreis obtecta ; osse elaminis subtestaceis nitidis composito ; Sol. et Ellis , p. 83, *n.* 7.

— *de Lam. Anim. sans vert. tom.* 2 *, p.* 233 *, n.* 46.

Gorgonia verticillata ; *Pall. Elench. p.* 177, *n.* 109.

— *Esper, Zooph. tab.* 42 , *f.* 1 — 3.

— *Gmel. Syst. nat. p.* 3798 , *n.* 2.

Méditerranée.

G. BRIARÉE. *G. briareus.*
Tab. 14, fig. 1 , 2.

G. peu rameuse, cylindrique, épaisse ; écorce presque blanche intérieurement , cendrée extérieurement ; *Lam. Hist. polyp. p.* 421 , *n.* 589.

G. subramosa , teres , crassa ; basi supra rupes latè explanata ; carne internè subalbidâ , externè cinereâ ; polypis majoribus octotentaculatis cirratis ; osse ex aciculis vitreis purpureis inordinatè sed longitudinaliter compactis composito ; Sol. et Ellis , p. 93 , *n.* 20.

— *Gmel. Syst. nat. p.* 3808 , *n.* 39.

Corail briaré ; *Bosc,* 3 , *p.* 23.

Océan Atlantique équatoreal ; côtes d'Amérique.

Nota. J'ai placé ce polypier dans la 4ᵉ section du genre Gorgone , composée de toutes les espèces que je n'ai pu classer dans les trois premières ; elles appartiennent peut-être à d'autres genres , ou bien elles en constituent de nouveaux.

L'axe de la Gorgone briarée est de consistance vitrée ou cornée , et non pierreuse ; c'est ce qui m'empêche de suivre l'opinion de mon savant ami M. Bosc, qui place ce polypier dans le genre Corail.

———

PLEXAURE. *PLEXAURA.*

Polypier dendroïde, rameux, souvent dichotome ; rameaux cylindriques et roides ; axe légèrement comprimé ; écorce (dans l'état de dessication) subéreuse, presque terreuse, très-épaisse, faisant peu d'effervescence avec les acides et couverte de cellules non saillantes, éparses, grandes, nombreuses et souvent inégales ; *Lam. Hist. polyp. p.* 424.

Gorgonia ; *auctorum.*

PL. FRIABLE. *Pl. friabilis.*
Tab. 18, fig. 3.

Pl. tige et rameaux dichotomes ; cellules rondes, de grandeur inégale, assez éloignées les unes des autres ; couleur fauve-terne ; grandeur, 3 à 5 décimètres ; *Lam. Hist. polyp. p.* 430, *n.* 596.

Pl. dichotoma ; cellulis rotundatis , inæqualibus , distantibus.

Gorgone vermoulue ; *de Lam. Anim. sans vert. tom.* 2 , *p.* 319 , *n.* 29.

An Gorgonia porosa ; Esper, Zooph. tab. 10 ?

Océan Indien.

Nota. Ce polypier figuré par Ellis , qui ne l'a ni nommé ni décrit , n'est pas rare dans les mers de l'Inde ; ce n'est qu'avec doute que je l'ai rapproché du *Gorgonia porosa* d'Esper , *G. vermiculata* de Lamarck.

PL. FLEXUEUSE. *Pl. flexuosa.*
Tab. 70, fig. 1 , 2.

Pl. rameaux épars, courts et flexueux ; cellules éparses distantes à ouvertures rondes et égales entre elles, placées dans un léger enfoncement de l'écorce, qui paraît presque sillonnée transversalement ; grandeur, environ 1 décimètre ; couleur, fauve clair et brillant.

Pl. ramis sparsis , brevioribus , flexuosis ; cellulis sparsis , distantibus ; cortice transversè suicato.

Océan des Antilles ; la Havane.

Rapporté par le capitaine Thomassi.

———

EUNICÉE. *EUNICEA.*

Polypier dendroïde, rameux ; axe presque toujours comprimé, principalement à l'aisselle des rameaux, recouvert d'une écorce cylindrique épaisse, parsemée de mamelons saillants, toujours épars et polypeux ; *Lam. Hist. polyp. p.* 431.

Gorgonia ; *auctorum.*

Eu. LIME. *Eu. limiformis.*

Tab. 18, fig. 1.

Eu. rameuse ou dichotome ; mamelons coniques, longs d'un à deux millimètres ; écorce épaisse, subéreuse, d'une couleur brun-rougeâtre presque noir ; axe comprimé aux articulations ; grandeur, 1 à 2 décimètres.

Eu. ramosa vel dichotoma ; mamillis conicis, numerosis, 1 at 2 millimetris longis ; cortice crasso, suberoso, fusco ; Lam. Hist. polyp. p. 436, n. 602.

— *Tournef. Act. Gall.* 1700, *p.* 34, *tab.* 1.

— *Collec. Acad. p.* 534. = *Instit. rei herb.* p. 574.

Océan des Antilles.

Nota. On n'a point trouvé l'explication des figures de la planche 18 dans les papiers d'Ellis.

Eu. CLAVAIRE. *Eu. clavaria.*

Tab. 18, fig. 2.

Eu. rameaux cylindriques, très-peu nombreux, en forme de massue ; mamelons à grande ouverture, variant dans leur longueur ; écorce noirâtre ; axe diminuant beaucoup par la dessication et paraissant alors un peu comprimé ; grandeur, 2 décimètres ; diamètre des rameaux dans leur plus grande largeur, 2 centimètres à 2 centimètres et demi ; *Lam. Hist. polyp. p.* 437, *n.* 606.

Gorgonia plantaginea ; ramosa, crassa, erecta ; ramis teretibus echinulatis ; cortice spongioso, fusco ; cellulis conicis, arrectis, creberrimis ; de Lam. Anim. sans vert. tom. 2, *p.* 322, *n.* 41.

Océan des Antilles.

Nota. J'ai observé ce polypier dans la collection de M. Richard, un de nos plus savants botanistes et mon ami ; je me suis assuré qu'il diffère de la Gorgone succinée d'Esper. (*Eunicea succinea nobis.*)

Eu. A GROS MAMELONS. *Eu. mammosa.*

Tab. 70, fig. 3.

Eu. rameuse, presque dichotome ; mamelons cylindriques de 2 à 5 millimètres de longueur ; à bouche large presque lobée ; grandeur, environ 2 décimètres ; couleur carmelite ; *Lam. Hist. polyp. p.* 438, *n.* 607, *pl.* 17.

Eu. ramosa, subdichotoma ; mamillis teretibus, 2-5 millimetris longis, sublabiatis.

Océan des Antilles.

MURICÉE. *MURICEA.*

Polypier dendroïde, rameux ; axe cylindrique souvent comprimé à l'aisselle des rameaux ; écorce cylindrique, d'une épaisseur moyenne ; cellules en forme de mamelons saillants, épais, couverts d'écailles imbriquées et hérissées ; ouverture étoilée à huit rayons.

Gorgonia ; *auctorum.*

Eunicea ; *Lam.*

Nota. Ce genre, que j'avais peu étudié faute de beaux individus, diffère des Eunicées par la forme des cellules, la nature de l'écorce, son épaisseur et sa couleur. L'axe, à l'aisselle des rameaux, est d'autant plus comprimé que l'individu est plus jeune. Les rameaux sont épars, mais un peu distiques ; la couleur de l'écorce est d'un jaune foncé et brillant dans l'état de vie ; la dessication le change en blanc-jaunâtre. Ces polypiers ne sont pas très-communs dans les collections.

M. SPICIFÈRE. *M. spicifera.*

Tab. 71, fig. 1, 2.

M. rameaux presque distiques, cylindriques, roides, en forme d'épi dans leur dernière partie ; cellules courtes, droites, coniques et nombreuses ; grandeur, environ 2 décimètres ; 1 mètre d'après Pallas.

Gorgonia muricata ; compressa, ramosa, dichotoma ; carne crassa, subalbida ; osculis cylindricis, arrectis, muricatis ; osse ancipiti, corneo, nigricante ; Sol. et Ellis, p. 82, *n.* 6.

— *Gmel. Syst. nat. p.* 3803, *n.* 32.

— *Pall. Elench. p.* 198, *n.* 127.

— *de Lam. Anim. sans vert. tom.* 2, *p.* 322, *n.* 43.

Eunicée épineuse ; *Lam. Hist. polyp. p.* 439, *n.* 609.

Océan des Antilles.

Reçu du capitaine Thomassi, qui m'a donné beaucoup de productions marines de l'île de Cuba.

Nota. Le synonyme de Tournefort, cité par les auteurs, ne peut appartenir à ce polypier ; il ne faut que lire la description pour s'en convaincre ; il en est de même de la table X de Ginnani citée par Gmelin. J'ai rapporté à l'*Eunicea limiformis* le polypier décrit par Tournefort.

M. ALONGÉE. *M. Elongata.*

Tab. 71, fig. 3, 4.

M. rameaux épars, alongés, un peu flexibles ; cellules alongées, ovales, rétrécies à leur base, redressées ; grandeur, environ 3 décimètres.

M. ramis sparsis, elongatis seu virgatis, paululùm flexilibus ; cellulis ovato-elongatis, arrectis, ad basim contractis.

La Havane.

Reçu du capitaine Thomassi.

————

PRIMNOA. *PRIMNOA.*

Polypier dendroïde, dichotome ; mamelons alongés, pyriformes ou coniques, pendants, imbriqués et couverts d'écailles également imbriquées ; *Lam. Hist. polyp. p.* 440.

Gorgonia ; *auctorum.*

PR. LEPADIFÈRE. *Pr. lepadifera.*

Tab. 13, fig. 1, 2.

Pr. rameuse, dichotome ; mamelons alongés et pyriformes, pendants, imbriqués et couverts d'écailles également imbriquées ; *Lam. Hist. polyp. p.* 442, *n.* 611.

Gorgonia lepadifera ; *dichotoma ; osculis confertis, reflexis, campanulatis, imbricatis ; carne squamulis albis obducta ; osse in ramulis majoribus testaceo, in minoribus corneo ; Sol. et Ellis, p.* 84, *n.* 8.

Gorgonia reseda ; *Pall. Elench. p.* 204, *n.* 131.

—— *Gmel. Syst. nat. p.* 3798, *n.* 1.

—— *Esper, Zooph. tab.* 18, *f.* 1, 2.

—— *de Lam. Anim. sans vert. tom.* 2, *p.* 323, *n.* 45.

Mers du Nord.

CORAIL. *CORALLIUM.*

Polypier dendroïde, inarticulé ; axe pierreux, plein, solide, strié à sa surface, et susceptible de prendre un beau poli ; écorce charnue adhérente à l'axe, devenant crétacée et friable par la dessication ; *Lam. Hist. polyp. p.* 443.

Madrepora ; *Linné.*

Isis ; *Pallas.*

Gorgonia ; *Ellis, Gmelin.*

Corallium ; *de Lamarck.*

C. ROUGE. *C. rubrum.*

Tab. 13, fig. 3, 4.

C. rameaux écartés, cylindriques ; *Lam. Hist. polyp. p.* 456, *n.* 612.

Gorgonia pretiosa ; *in plano ramosa, dichotoma subattenuata ; carne miniacea lubrica molli vasculosa ; osculis octovalvibus, conicis, subhiantibus, sparsis, polypos albidos octotentaculatos bifariàm cirratos exserentibus ; osse lapideo ruberrimo extùs striato et faveolato ; Sol. et Ellis, p.* 90, *n.* 16.

Isis nobilis ; *Pall. Elench. p.* 223, *n.* 142.

Gorgonia nobilis ; *Gmel. Syst. nat. p.* 3805, *n.* 33.

Corail rouge ; *de Lam. Anim. sans vert. tom.* 2, *p.* 297, *n.* 1.

Méditerranée.

Nota. C'est par erreur que l'on indique le Corail dans les différentes mers des pays chauds ; le commerce le transporte dans tous les climats, chez tous les peuples ; mais ce n'est que dans la Méditerranée que croît et se développe le plus précieux de tous les polypiers.

————

ORDRE DIXIÈME.

ISIDÉES.

Polypiers dendroïdes, formés d'une écorce analogue à celle des Gorgoniées et d'un axe articulé à articulations alternativement calcareo-pierreuses, et cornées ; quelquefois solides ou spongieuses, ou presque subéreuses ; *Lam. Hist. polyp. p.* 458.

MÉLITÉE. *MELITEA.*

Polypier dendroïde, noueux, à rameaux presque toujours anastomosés ; articulations pierreuses substriées, à entre-nœuds spongieux et renflés ; écorce crétacée, très-mince et friable dans l'état de dessication ; polypes superficiels ou tuberculeux ; *Lam. Hist. polyp. p.* 458.

Melitæa ; *de Lamarck.*

M. DE RISSO. *M. Rissoï.*

Tab. 12 , fig. 5.

M. rameaux divergents, s'anastomosant souvent ensemble ; cellules entourées d'un bourrelet saillant.

Isis coccinea ; *pumila , variè ramosa ; ramulis divaricatis ; osse articulato lineari substriato ruberrimo ; internodiis brevibus spongiosis fulvis ; carne intùs pallidè rosea, extùs cellulis elevatis verruciformibus coccineis ; osculis minimis ; Sol. et Ellis , p.* 107 , *n.* 3.

— *Gmel. Syst. nat. p.* 3794 , *n.* 6.

— *Esper, Zooph.* 1 , *tab.* 3 *A , f.* 5 , *et Suppl.* 2 , *tab.* 6.

Mélite écarlate ; *de Lam. Anim. sans vert. tom.* 2 , *p.* 300 , *n.* 4.

Mélitée de Risso ; *Lam. Hist. polyp. p.* 463 , *n.* 614.

Océan Indien, *Ellis ;* île de France, *de Lam.*

Nota. Il est étonnant qu'Ellis ne dise rien des rameaux anastomosés entre eux , quoique la figure en donne plusieurs exemples.

J'ai cru devoir changer le nom de *Coccinea ,* parce que la Mélitée ochracée a souvent la même couleur que celle-ci. Je l'ai dédiée à M. Risso , pharmacien à Nice , naturaliste distingué , auteur de plusieurs ouvrages sur les productions marines de la Méditerranée.

M. TEXTIFORME. *M. textiformis.*

Tab. 71 , fig. 5.

M. tige courte , noueuse , peu rameuse , se divisant subitement en ramuscules très-menus, filiformes, verruqueux , anastomosés et présentant un réseau flabelliforme, simple ou lobé , à mailles alongées ; grandeur , 2 à 3 décimètres ; couleur variant du blanc au jaune à l'orangé et au rouge ; *Lam. Hist. polyp. p.* 464 , *n.* 616 , *pl.* 19 , *f.* 1.

M. caule brevi nodoso , in flabellum tenuissimum explanato ; ramulis numerosis filiformibus reticulatim coalescentibus ; catenarum annulis elongatis ; de Lam. Anim. sans vert. tom. 2 , *p.* 300 , *n.* 3.

Australasie.

MOPSÉE. *MOPSEA.*

Polypier dendroïde à rameaux pinnés ; écorce mince , adhérente, couverte de mamelons très-petits , alongés, recourbés du côté de la tige, épars ou subverticillés ; *Lam. Hist. polyp. p.* 465.

Isis ; *auctorum.*

M. DICHOTOME. *M. dichotoma.*

M. rameaux grêles, cylindriques, presque filiformes , avec des dichotomies à chaque articulation ; polypes mamilliformes dans les rameaux supérieurs , tuberculeux dans les moyens , superficiels dans les inférieurs ; écorce unie sur la tige ; *Lam. Hist. polyp. p.* 467 , *n.* 618.

Isis dichotoma ; *articulata , filiformis , dichotoma , diffusa ; cortice fulvo verrucoso ; Pall. Elench. p.* 229 , *n.* 143.

— *Gmel. Syst. nat. p.* 3793 , *n.* 2.

— *Esper, Zooph.* 1 , *tab.* 6.

— *de Lam. Anim. sans vert. tom.* 2 , *p.* 302 , *n.* 3.

Océan Indien.

M. VERTICILLÉE. *M. verticillata.*

Tab. 70, fig. 4.

M. rameaux pinnés ; ramuscules simples et alongés ; cellules polypeuses recourbées et en crochet ; *Lam. Hist. polyp. p. 467, n. 617, pl. 18, f. 2.*

Isis encrinula ; *ramosa ; ramis pinnatis et subpinnatis ; ramulis filiformibus, papilliferis ; papillis sparsis, ascendentibus ; de Lam. Anim. sans vert. tom. 2, p. 302, n. 4.*

Australasie.

ISIS. *ISIS.*

Polypier dendroïde ; articulations de l'axe pierreuses, à entre-nœuds cornés et resserrés ; écorce épaisse ; dans l'état de dessication friable, n'adhérant point à l'axe et s'en détachant avec facilité ; cellules éparses non saillantes.

I. QUEUE DE CHEVAL. *I. hippuris.*

Tab. 3, fig. 1, 2, 3, 4, 5. === Tab. 9, fig. 3, 4.

I. rameuse ; rameaux épars ; écorce épaisse ; cellules non saillantes ; axe articulé ; articulations pierreuses, striées longitudinalement, irrégulières ; entre-nœuds cornés.

I. stirpe articulata, lapidea ; ramulis sparsis ; osse articulis cylindricis lapideis albis sulcatis ; internodiis corneis nigris constrictis connexis ; carne subalbida porosa crassa ; osculis in quincunces dispositis, polypos octotentaculatos obtegentibus ; Sol. et Ellis, p. 105, n. 2.

— *Gmel. Syst. nat. p. 3792, n. 1.*

— *Pall. Elench. p. 233, n. 145.*

— *Esper, Zooph. tab. 1 — 3, 3 A.*

— *de Lam. Anim. sans vert. tom. 2, p. 302, n. 1.*

Mer du Nord, *Linné ;* côtes d'Islande, *Olafsen et Polvesen ;* mer des Indes, *Ellis, Pallas.*

Nota. Je l'ai reçu des Antilles et des provinces méridionales des Etats-Unis.

SECONDE DIVISION.

POLYPIERS ENTIÈREMENT PIERREUX ET NON FLEXIBLES.

PREMIÈRE SECTION.

POLYPIERS FORAMINÉS.

Cellules petites perforées ou semblables à des pores, presque tubuleuses et sans aucune apparence de lames.

ORDRE ONZIÈME.

ESCHARÉES

OU

POLYPIERS A RÉSEAU.

Polypiers lapidescents, polymorphes, sans compacité intérieure ; cellules petites, courtes ou peu profondes, tantôt sériales, tantôt confuses.

Nota. Cet ordre est formé d'une partie seulement des polypiers à réseaux de M. de Lamarck ; les autres appartiennent à la première division, composée des polypiers flexibles ; quant aux genres Rétéporite, Ovulite, Lunulite et Orbulite, ce n'est que d'après M. de Lamarck que je les place dans cette section ; plusieurs pouvant appartenir à d'autres groupes, ou bien ayant été classés par des zoologistes parmi les molusques testacés, principalement par Denys de Montfort. Ce dernier a décrit dans sa *Conchyliologie systématique* des êtres dont l'organisation n'est pas encore bien démontrée ; tels sont ses genres *Tiniporus, Siderolites, Numulites, Lycophris, Rotalites, Egeon, Borelis, Miliolites, Clausulus* et *Discololites.* La plupart appartiennent aux genres de M. de Lamarck déjà cités ; les autres en approchent beaucoup.

ADÉONE. *ADEONA.*

A. tige articulée comme l'axe des Isidées, surmontée d'une expansion pierreuse frondescente ou flabelliforme, parsemée de cellules très-petites, éparses sur les deux surfaces, et percée d'oscules ronds ou ovales ; *Lam. Hist. polyp. p. 478.*

A. GRISE. *A. grisea.*

Tab. 70, fig. 5.

A. tige courte ; expansion presque orbiculaire ou flabellée, percée d'oscules ; couleur gris de fer foncé ; *Lam. Hist. polyp. p.* 481, *n.* 622, *pl.* 19, *f.* 2.

Adeona cribriformis ; *caule subsimplici, supernè in laminam flabellatam proliferam et fenestratam explanato ; de Lam. Anim. sans vert. tom.* 2, *p.* 180, *n.* 2.

Australasie.

A. FOLIACÉE. *A. foliacea.*

A. tige longue, rameuse, cylindrique, couverte de quelques expansions, éparses ou situées par groupes, découpées à peu près comme les feuilles du *Cratægus azerola ; Lam. Hist. polyp. p.* 482, *n.* 624.

A. foliifera ; caule subramoso, frondifero ; frondibus laciniato-palmatis ; lobis oblongis, subacutis, inæqualibus ; de Lam. Anim. sans vert. tom. 2, *p.* 179, *n.* 1.

Frondiculina ; *de Lam. Extr. du C. de Zool. p.* 25.

Australasie.

——

ESCHARE. *ESCHARA.*

Polypier presque pierreux, à expansions aplaties, lamelliformes, minces, fragiles, très-poreuses intérieurement, entières ou divisées ; cellules des polypes disposées en quinconces sur les deux faces du polypier ; *de Lam. Anim. sans vert. tom.* 2, *p.* 73.

—— *Pallas.*

Millepora ; *auctorum.*

Cellepora ; *Esper.*

E. FOLIACÉE. *E. foliacea,*

Es. en grosse masse lamelleuse, légère et fragile ; lames anastomosées et se croisant dans tous les sens ; cellules petites, arrondies et séparées,

Millepora foliacea ; *lamellosa, flexuosa, utrinque porosa ; Sol. et Ellis, p.* 133, *n.* 6.

—— *Ellis, Corall. p.* 86, *n.* 3, *tab.* 30, *f. a, A, B, C.*

Eschara fascialis, var. B ; *Pall. Elench. p.* 42, *n.* 9.

Cellepora lamellosa ; *Esper, Zooph.* 1, *tab.* 6.

Eschare bouffant ; *de Lam. Anim. sans vert. tom.* 2, *p.* 175, *n.* 1.

Océan Européen.

Nota. Pallas a réuni l'Eschare foliacée à l'Eschare fasciale ; mais il a fait deux variétés bien distinctes de ces deux polypiers. Le premier forme sa var. B, et le second sa var. A.

L'Eschare foliacée fraîche offre une couleur rouge-violet très-vive qui se ternit par le contact de l'air et qui disparaît en peu de jours.

E. LOBÉE. *E. lobata.*

Tab. 72, fig. 9, 10, 11, 12.

E. expansions lamelliformes, simples, à bords ondulés ou lobés ; cellules en séries presque rayonnantes, subpyriformes, un peu saillantes, séparées par des lignes profondes et ponctuées ; leur ouverture échancrée inférieurement ; grandeur, 2 ou 3 centimètres ; couleur terreuse par la dessication, d'un rouge vif et tendre dans l'état de vie.

E. laminis simplicibus, marginibus undulatis vel lobatis ; cellulis subradiatis, subpyriformibus, paululùm prominentibus ; ore infernè emarginato.

Sur le *Fucus nodosus,* aux environs du banc de Terre Neuve.

Rapporté par le capitaine Laporte.

Nota. La forme lobée paraît commune dans les Eschares ; j'en ai vu sur la Gorgone liante de la Méditerranée, elle ne diffère de l'Eschare lobée que par la forme des cellules.

——

RÉTÉPORE. *RETEPORA.*

Polypier pierreux, poreux intérieurement, à expansions aplaties, minces, fragiles, composées de rameaux quelquefois libres, le plus souvent anastomosés en réseau ou en filet ; cellules des polypes disposées,

disposées, d'un seul côté, à la surface supérieure ou interne du polypier ; *de Lam. Anim. sans vert. tom.* 2 , *p.* 180.

R. DENTELLE. *R. cellulosa.*
Vulg. *Manchette de Neptune.*

Tab. 26, fig. 2.

R. expansions presque membraneuses, minces, criblées de trous elliptiques, turbinées, ondulées ou crispées, presque tubuleuses à leur base ; surface interne poreuse.

Millepora foraminosa ; *reticulata, infundibuliformis , inordinatè undulato-plicata ; latere superiori tantùm porosa ; Sol. et Ellis ,* p. 138, *n.* 14.

M. cellulosa ; *Gmel. Syst. nat.* p. 3787, *n.* 21.

— *Esper, Zooph.* 1 , *tab.* 1.

M. retepora ; *Pall. Elench.* p. 243 , *n.* 148.

Rétépore dentelle de mer; *de Lam. Anim. sans vert. tom.* 2 , *p.* 182 , *n.* 2.

Méditerranée , *plusieurs auteurs ;* Océan indien , *de Lamarck ,* etc. ; Norwège, *Pontoppidam ;* Angleterre, *Ellis.*

Nota. M. de Lamarck a confondu plusieurs espèces sous ce nom.

———————

KRUSENSTERNE. *KRUSENSTERNA.*

Polypier pierreux, dendroïde, presque en entonnoir ou sans forme déterminée; rameaux très-nombreux , anastomosés et formant un réseau à petites mailles irrégulières ; surface extérieure couverte de protubérances, planes, garnies de pores ou plutôt de cellules inégales, éparses et rapprochées.

Rétépore ; *de Lamarck.*

Nota. Ce genre est consacré au célèbre voyageur Krusenstern par son fidèle collaborateur et son ami M. Tilesius, naturaliste de l'expédition. Je ne suis que son interprète en dédiant ce polypier au navigateur russe dont les travaux ont augmenté nos connaissances en géographie.

KR. VERRUQUEUSE. *Kr. verrucosa.*

Tab. 74, fig. 10, 11 , 12 , 13.

Kr. rameaux paraissant cylindriques ou comprimés suivant la position dans laquelle on les regarde ; grandeur , environ un décimètre ; couleur vert-pourpre, devenant blanche par l'action de l'air et de la lumière.

Millepora reticulata ; *ramosa in planum expansa , ramis dichotomis bifariàm anastomosantibus , suprà scabris poris asperis ; subtùs lævibus ; Sol. et Ellis ,* p. 138 , *n.* 15.

Rétépore réticulé ; *de Lam. Anim. sans vert. tom.* 2 , *p.* 182 , *n.* 1. (*Excl. synon. Mars.*)

Kamtchatka , *Tilesius ;* Indes orientales, *Solander* et *Ellis ;* Terres Australes , *Peron* et *Lesueur.*

Nota. C'est par erreur que ce polypier est indiqué comme originaire de la Méditerranée.
Le Rétépore rayonnant de M. de Lamarck est intermédiaire entre les Hornères et les Krusensternes ; il est probable qu'il constituera un genre particulier lorsqu'il sera mieux connu.

———————

HORNÈRE. *HORNERA.*

Polypier pierreux, dendroïde, fragile, comprimé et contourné irrégulièrement ; tige et rameaux garnis de cellules sur la face extérieure ; cellules petites, éloignées les unes des autres, situées presque en quinconce sur des lignes diagonales ; face opposée, légèrement sillonée.

Millepora ; *Linné , Solander* et *Ellis.*

Rétépore ; *de Lam.*

Nota. Ce polypier a été dédié à M. Horner, astronome de l'expédition autour du Monde commandée par le capitaine Krusenstern , au nom de son ami M. Tilesius.

H. FRONDICULÉE. *H. frondiculata.*

Tab. 74, fig, 7, 8 , 9.

H. ramifications presque flabelliformes , irrégulièrement contournées ; grandeur, environ un décimètre ; couleur blanche un peu rosée.

Millepora tubipora; *proclinans in plano dicho-toma, ramulis flexuosis subparallelis denticulatis, suprà poris prominulis; subtùs striatis; Sol. et Ellis, p. 139, n. 16?*

— *Ellis, Corall. tab.* 35, *f. b, B?*

Millepora lichenoïdes; *Linn. ?*

— *Esper, Zooph.* 1 , *tab.* 3 ?

Rétépore frondiculé; *de Lam. Anim. sans vert. tom.* 2, *p.* 182, *n.* 3 ?

Kamtchatka, *Tilesius*; Océan indien et aus-tral, *Linné, Ellis*; Méditerranée, *de Lamarck.*

Nota. Le Rétépore versipalme de M. de Lamarck est très voisin des Hornères.

TILESIE. *TILESIA.*

Polypier fossile, pierreux, cylindrique, ra-meux, tortueux, verruqueux; pores ou cellules petites, réunies en paquets ou en groupes po-lymorphes, saillants et couvrant en grande partie le polypier; intervalle entre les groupes lisse et sans pores.

Nota. J'ai dédié ce polypier rare et singulier à M. Ti-lesius, naturaliste en chef dans l'expédition autour du Monde du capitaine Krusenstern, membre de l'Aca-démie royale de Pétersbourg, chevalier de l'ordre de Saint-Wladimir, etc., en témoignage de reconnaissance pour les beaux polypiers dont il a enrichi ma col-lection.

T. TORTUEUSE. *T. distorta.*

Tab. 74, fig. 5, 6.

T. rameaux courts et tronqués; pores ou cel-lules à ouverture parfaitement ronde; grandeur, 3 à 4 centimètres; diamètre des rameaux, en-viron 4 millimètres.

T. fossilis, lapidea, teres, ramosa, distorta, verrucosa; ramis brevibus, truncatis; cellulis mi-nutis in fasciculos proeminentes collectis.

Terrain à polypiers des environs de Caen.

DISCOPORE. *DISCOPORA.*

Polypier subcrustacé, aplati, étendu en lame

discoïde, ondée, lapidescente; surface supérieure cellulifère; cellules nombreuses, petites, courtes, contiguës, presque campanulées ou favéolaires, régulièrement disposées par rangées subquincon-ciales; ouverture non resserrée; *de Lam. Anim. sans vert. tom.* 2, *p.* 164.

Nota. Il est difficile de se faire une idée de ces poly-piers, à moins de les observer sur la nature; ils sem-blent lier les polypiers pierreux aux polypiers celluli-fères par les Flustres d'un côté, les Rétépores et les Eschares de l'autre.

D. VERRUQUEUX. *D. verrucosa.*

D. lames suborbiculaires, crustacées, ondées, assez minces, cassantes, et en partie fixées sur des corps marins; cellules quinconciales inclinées obli-quement; ouverture peu resserrée; une dent uni-que, ou accompagnée de deux plus petites sur le bord.

Cellepora verrucosa; *cellulis subrotundo-glome-ratis, ovatis; ore subtridentato; Gmel. Syst. nat. p.* 3791, *n.* 4.

— *Esper, Zooph.* 1 , *tab.* 2.

— *Lam. Hist. polyp. p.* 90, *n.* 176.

Discopore verruqueux; *de Lam. Anim. sans vert. tom.* 2, *p.* 165, *n.* 1.

Mers d'Europe; Océan indien, *de Lam.*

DIASTOPORE. *DIASTOPORA.*

Polypier fossile, composé de lames planes et polymorphes, ou de rameaux fistuleux, couverts sur une seule face de cellules tubuleuses, isolées, distantes les unes des autres et saillantes.

Nota. Ce genre semble intermédiaire entre les Phé-ruses, les Elzerines et les Eschares; était-il flexible ou pierreux dans l'état de vie? Comme il est impossible de répondre à cette question, je l'ai placé parmi les poly-piers pierreux.

D. FOLIACÉE. *D. foliacea.*

Tab. 73, fig. 1, 2, 3, 4.

P. expansions planes, lobées ou rameuses, con-volutées ou formant des ramifications fistuleuses, d'un diamètre inégal, souvent bosselé ; grandeur, 5 à 6 centimètres.

D. foliacea, explanata, lobata vel ramosa, convoluta, uno in latere cellulosa ; cellulis prominulis, exerentibus lamellarum in superficie gibbulam subelongatam ; ore rotundo.

Terrain à polypiers des environs de Caen.

CELLÉPORAIRE. *CELLEPORARIA.*

Polypier pierreux, à rameaux nombreux ou à expansions saillantes et lobées, quelquefois osculé ; cellules saillantes ; substance criblée de pores.

Cellépore ; *de Lamarck.*

Nota. Les polypiers que M. de Lamarck a décrits sous les noms de Cellépore oculé, à crêtes, olive, ponce, épais et endive, diffèrent des Cellépores des zoologistes par plusieurs caractères essentiels, principalement par leur organisation et par leur forme.

C. A CRÊTES. *C. cristata.*

C. rameux et lobé ; lobes en crêtes, verticaux, arrondis, comprimés et carinés ; cellules éparses ; grandeur, environ un centimètre ; couleur, blanc-grisâtre.

Cellepora cristata ; incrustans multiloba ; lobis verticalibus, rotundatis, compressis, carinatis, subspiralibus, utroque latere echinatis ; de Lam. Anim. sans vert. tom. 2, p. 172, n. 6.

Australasie.

C. OCULÉ. *C. oculata.*

C. rameaux cylindriques, presque dichotomes, en petites touffes arrondies, percés de trous ronds ou oscules ; grandeur, 4 à 5 centimètres ; couleur blanchâtre.

Cellepora oculata ; incrustans, ramosissima, subcespitosa ; ramis sparsim oculatis ; cellulis confusis echinatis ; de Lam. Anim. sans vert. tom. 2, p. 171, n. 4.

Australasie.

C. OLIVE. *C. oliva.*

C. en forme d'olive, ridée transversalement, avec une fossette orbiculaire au sommet ; grandeur, 3 centimètres ; couleur, blanc sale.

Cellepora oliva ; simplex, cylindraceo-turbinata ; extremitate crassiore truncata, foveâ terminata ; cellulis confusis muticis ; de Lam. Anim. sans vert. tom. 2, p. 171, n. 3.

Australasie.

Nota. Ce polypier ressemble beaucoup à des Eponges fossiles du terrain à polypiers des environs de Caen.

ORDRE DOUZIÈME.

MILLÉPORÉES.

Polypiers pierreux, polymorphes, solides, compactes intérieurement ; cellules très-petites ou poriformes, éparses ou sériales, jamais lamelleuses, quelquefois cependant à parois légèrement striées.

OVULITE. *OVULITES.*

Polypier pierreux, ovuliforme ou cylindracé, creux intérieurement, souvent percé aux deux bouts ; pores très-petits, régulièrement disposés à la surface ; *de Lam. Anim. sans vert. tom. 2, p. 193.*

O. PERLE. *O. margaritula.*

Tab. 71, fig. 9, 10.

O. ovale ; cellules poriformes, très-petites.

O. ovalis ; poris minutissimis ; de Lam. Anim. sans vert. tom. 2, p. 194, n. 1.

— *Mus. velin. n. 48, f. 8.*

Fossile de Grignon.

O. ALONGÉE. *O. elongata.*

Tab. 71, fig. 11, 12.

O. cylindrique, renflée à une extrémité.

*O. cylindracea ; altera extremitate truncata ;
de Lam. Anim. sans vert. tom. 2 , p. 194, n. 2.*

— *Mus. velin. n.* 48 , *f.* 10.

Fossile de Grignon.

RÉTÉPORITE. *RETEPORITES.*

Polypier pierreux , cylindracé , ovale alongé ,
mince , d'une épaisseur presque égale , entièrement vide dans l'intérieur , fixé au sommet d'un
corps grêle qui s'est décomposé et qui a produit
l'ouverture inférieure ; cellules en forme d'entonnoir traversant l'épaisseur du polypier, ouvertes aux
deux bouts ; ouvertures disposées régulièrement
en quinconce , plus grandes et presque pyriformes
à l'extérieur, beaucoup plus petites et irrégulièrement arrondies à l'intérieur ; *Bosc.*

Dactylopore ; *de Lamarck.*

R. DACTYLE. *D. digitalia.*

Tab. 72 , fig. 6 , 7 , 8.

R. *Voyez la description du genre* ; grandeur ,
environ un centimètre.

R. *cylindraceo - ovata ; cellulis quincuncialibus,
infundibulosis , ad extremitates apertis.*

— *Bosc , Journal de Physique , juin* 1806,
p. 433 , *pl.* 1 , *f. A.*

Dactylopore cylindracé ; *de Lam. Anim. sans
vert. tom.* 2 , *p.* 189 , *n.* 1.

Fossile à Grignon.

Nota. Il paraît que M. de Lamarck n'a point vu cette
production et que sa description est faite d'après quelque note imparfaite ; elle ne ressemble en aucune manière à ce singulier Fossile que je dois à l'amitié de
M. Bosc.

LUNULITE. *LUNULITES.*

Polypier pierreux , orbiculaire , convexe d'un
côté , concave de l'autre ; surface convexe or-
née de stries rayonnantes et de pores entre les
stries ; des rides ou des sillons divergents à la
surface concave ; *de Lam. Anim. sans vert. tom.* 2,
p. 194.

L. RAYONNÉE. *L. radiata.*

Tab. 73 , fig. 5 , 6 , 7, 8.

L. surface convexe striée et poreuse ; bord uni ;
stries rayonnantes , souvent dichotomes ; pores
très-grands, en forme de carré alongé , peu nombreux ; surface concave garnie de sillons arrondis,
en général rayonnants , couverts de petits pores
épars différents de ceux de la surface supérieure ;
bord denté irrégulièrement.

*L. latere concavo , striis radiata , supernè po-
rosa ; de Lam. Anim. sans vert. tom.* 2 , *p.* 195,
n. 1.

— *Mus. velin. n.* 49 , *f.* 10.

Fossile de Grignon.

Reçu de M. de France.

L. URCÉOLÉE. *L. urceolata.*

Tab. 73 , fig. 9 , 10 , 11 , 12.

L. en forme de cupule ; surface supérieure
parsemée de pores en losange , très-grands , disposés en quinconce , très-rapprochés et augmentant de grandeur du centre à la circonférence ; surface concave unie.

*L. cupulæformis ; latere convexo clathrato poro-
sissimo ; de Lam. Anim. sans vert. tom.* 2 , *p.* 195 ,
n. 2.

Fossile à.....

Nota. Cette espèce ne peut appartenir au même genre
que la première ; elle en forme un particulier que j'aurais
établi sous le nom de *Cupulaire*, si je n'avais craint de
trop multiplier les divisions.

ORBULITE. *ORBULITES.*

Polypier pierreux , orbiculaire , plane ou un
peu concave , poreux des deux côtés ou dans le
bord , ressemblant à une Nummulite ; pores très-
petits , régulièrement disposés , très-rapprochés ,
quelquefois à peine apparents ; *de Lam. Anim. sans
vert. tom.* 2 , *p.* 195.

O. MARGINALE. *O. marginalis.*

O. plane des deux côtés , à bord poreux.

O. utrinquè plana ; margine poroso ; de Lam. Anim. sans vert. tom. 2, *p.* 196, *n.* 1.

Sur les Corallines et les Thalassiophytes des mers d'Europe.

Nota. Cette espèce, découverte par M. Sionest de Lyon, est la seule connue vivante ; elle n'a que deux millimètres de largeur.

O. PLANE. *O. complanata.*

Tab. 73, fig. 13, 14, 15, 16.

O. mince, fragile, plane et poreuse des deux côtés ; pores tubuleux un peu flexueux, traversant le polypier dans son épaisseur, à deux ouvertures une supérieure et l'autre inférieure, communiquant entre eux par de petits canaux latéraux.

O. tenuis, fragilis, utrinquè plana et porosa ; de Lam. Anim. sans vert. tom. 2, *p.* 196, *n.* 2.

— *Guett. mem.* 3, *p.* 434, *tab.* 13, *f.* 30 — 32.

Fossile de Grignon.

Reçu de M. de France.

Nota. Les pores ne sont visibles que lorsqu'une membrane qui les couvre est enlevée ; ils sont en losange, très-rapprochés les uns des autres, disposés régulièrement en quinconce et diminuant de grandeur de la circonférence au centre.

O. LENTICULÉE. *O. lenticulata.*

Tab. 72, fig. 13, 14, 15, 16.

O. en forme de lentille ; surface supérieure un peu convexe, avec des pores nombreux, rapprochés, peu profonds, irrégulierement arrondis disposés en lignes courbes, rayonnantes et croisées ; surface inférieure presque plane et sans pores.

O. lentiformis, supernè convexa, subtùs planiuscula ; de Lam. Anim. sans vert. tom. 2, *p.* 197, *n.* 3.

Fossile à la perte du Rhône, près le fort de l'Ecluse.

Reçu de M. de France.

OCELLAIRE. *OCELLARIA.*

Polypier pierreux, aplati en membrane, diver-

sement contourné, subinfundibuliforme, à superficie arénacée, muni de pores sur les deux faces ; pores disposés en quinconce, ayant le centre élevé en un axe solide ; *de Lam. Anim. sans vert. tom.* 2, *p.* 187.

— *Ramond.*

O. NUE. *O. nuda.*

Tab. 72, fig. 1, 2, 3.

O. infundibuliforme ; diversement évasé et ramifié.

O. infundibuliformis, variè expansa et ramosa.

Ocellite du Montperdu ; *Ram. Voy. au Montperdu, p.* 128 *et* 346, *pl.* 2, *f.* 1.

— *de Lam. Anim. sans vert. tom.* 2, *p.* 188, *n.* 1.

Près le lac du Montperdu, Hautes-Pyrénées ; *Ram.*

Nota. Les figures de ces deux polypiers ont été copiées dans le Voyage au Montperdu de M. Ramond.

O. ENVELOPPÉE. *O. inclusa.*

Tab. 72, fig. 4, 5.

O. exactement conique, renfermée dans un étui siliceux qui se moule sur sa superficie.

O. conica, siliceobvallata ; de Lam. Anim. sans vert. tom. 2, *p.* 188, *n.* 2.

— *Ram. Voy. au Montperdu, p.* 128 *et* 346, *pl.* 2, *f.* 2.

— *Guett. mem.* 3, *pl.* 41.

— En Artois, fossile.

MÉLOBÉSIE. *MELOBESIA.*

Polypier pierreux, en plaques minces plus ou moins grandes sur la surface des Thalassiophytes ; cellules poriformes situées au sommet de petits tubercules épars sur les plaques ; *Lam. Hist. polyp. p.* 313.

Corallina ; *Esper.*

Nota. Ce genre, quoique nombreux en espèces, est encore peu connu.

M. PUSTULEUSE. *M. pustulata.*

Tab. 73, fig. 17, 18.

M. plaques orbiculaires relevées en bosse; cellules visibles à l'œil nu et saillantes; *Lam. Hist. polyp. p.* 315, *n.* 459.

M. laminis orbicularibus convexis ; cellulis oculo nudo visibilibus , eminentibus.

Sur les Floridées des côtes de France.

EUDÉE. *EUDEA.*

Polypier fossile, pierreux, en forme de massue grossière, à une ou deux têtes; extrémité percée d'un oscule profond à bords très-entiers; surface criblée de pores à peine visibles, situés dans des lacunes ou des trous irréguliers, peu profonds, plus petits, plus nombreux et moins sensibles à mesure que l'on approche du sommet.

Nota. Il semble que ces lacunes existent dans une enveloppe mince, fortement tendue sur le polypier; il n'y a aucun rapport entre les Eudées et le Dactylopore cylindracé de M. de Lamarck, dans lequel il suppose un double réseau, un intérieur et l'autre extérieur.

J'ai dédié ce genre à mon ami M. Deslongchamps, docteur en chirurgie & mon fidèle collaborateur ; c'est lui qui a dessiné la plupart des nouvelles planches de cet ouvrage.

EU. EN MASSUE. *Eu. clavata.*

Tab. 74, fig. 1, 2, 3, 4.

Eu. *Voyez la description du genre;* grandeur, 2 à 5 centimètres.

Eu. fossilis, lapidea, clavata, 1-2 *capitata; ad extremitate osculo margine integrissimo; poris vix visibilibus in lacunis superficia irregularibus sparsisque.*

Terrain à polypiers des environs de Caen.

ALVEOLITE. *ALVEOLITES.*

Polypier pierreux, soit encroûtant, soit en masse libre, formé de couches nombreuses,

concentriques, qui se recouvrent les unes les autres; couches composées chacune d'une réunion de cellules tubuleuses, alvéolaires, presque prismatiques, un peu courtes, contiguës et parallèles, offrant un réseau à l'extérieur; *de Lam. Anim. sans vert. tom.* 2, *p.* 184.

A. MADRÉPORACÉE. *A. madreporacea.*

Tab. 71, fig. 6, 7, 8.

A. fossile, dendroïde, peu rameuse; cellules grandes, éparses, peu profondes, et se terminant en tubes cloisonnés qui se dirigent de la circonférence au centre; grandeur, 2 décimètres; diamètre, 2 à 3 centimètres.

A. tereti-oblonga, subramosa, superficie reticulatim alveolata; de Lam. Anim. sans vert. tom. 2, *p.* 186, *n.* 3.

— *Guett. mem.* 3, *tab.* 56, *f.* 2.

Fossile des environs de Dax.

DISTICHOPORE. *DISTICHOPORA.*

Polypier pierreux, solide, rameux, un peu comprimé; cellules poriformes inégales, marginales, disposées sur deux bords opposés en séries longitudinales et en forme de sutures; verrues stelliformes, ramassées par places à la surface des rameaux; *de Lam. Anim. sans vert. tom.* 2, *p.* 197.

Millepora; *auctorum.*

D. VIOLET. *D. violacea.*

Tab. 26, fig. 3, 4.

D. rameux; rameaux ascendants et flexueux, presque cylindriques ou légèrement comprimés; *de Lam. Anim. sans vert. tom.* 2, *p.* 198, *n.* 1.

Millepora violacea; *in plano ramosa; ramulis ascendentibus flexuosis, tereti-compressis, sutura porosa margine ambiente; Sol. et Ellis, p.* 140, *n.* 17.

— *Pall. Elench. p.* 258, *n.* 159.

— *Gmel. Syst. nat. p.* 3785, *n.* 12.

Midi de l'Islande, *Ellis ;* Océan des Indes et austral, *Pallas* et *de Lamarck.*

SPIROPORE. *SPIROPORA.*

Polypier fossile, pierreux, rameux, couvert de pores ou de cellules, placées en lignes spirales, rarement transversales; cellules un peu saillantes, se prolongeant intérieurement en un tube parallèle à la surface, se rétrécissant graduellement et se terminant à la ligne spirale située immédiatement au-dessous; ouverture des cellules ronde et un peu saillante.

SP. ÉLÉGANT. *Sp. elegans.*

Tab. 73, fig. 19, 20, 21, 22.

Sp. se ramifiant avec grâce, quelquefois presque dichotome; spires éloignées l'une de l'autre d'une distance égale au diamètre des rameaux; grandeur, 7 à 8 centimètres; grosseur des rameaux égale celle des plumes de Moineau.

Sp. fossilis, lapidea, eleganter ramosa, subdichotoma, teres; spiris latitudine ramorum distantibus.

Terrain à polypiers des environs de Caen; il existe vivant dans les collections du Jardin des Plantes. Peron et Lesueur l'ont rapporté de leur voyage aux Terres Australes.

Nota. Je possède plusieurs espèces de Spiropores : une d'elles a la tige et les rameaux carrés, *Spiropora tetraquetra ;* une autre, *Spiropora capillaris,* se distingue par la petitesse des rameaux, les plus gros n'ont pas un millimètre de largeur, etc.

MILLÉPORE. *MILLEPORA.*

Polypier pierreux, solide intérieurement, polymorphe, rameux ou frondescent, muni de cellules poriformes simples, non lamelleuses; cellules cylindriques, en général très-petites, quelquefois non apparentes, souvent perpendiculaires à l'axe ou aux expansions du polypier; *Linné.*

M. TRONQUÉ. *M. truncata.*

Tab. 23, fig. 1, 2, 3, 4, 5, 6, 7, 8.

M. rameux, presque dichotome, très-fragile; rameaux divergents, tronqués, cylindriques, quelquefois s'anastomosant; cellules en quinconce et operculées.

M. caulescens, dichotoma; ramis truncatis, divaricatis; poris quincuncialibus operculatis; Sol. et Ellis, p. 141, n. 18.

— *Pall. Elench. p. 249, n. 153.*

— *Gmel. Syst. nat. p. 3783, n. 5.*

— *de Lam. Anim. sans vert. tom. 2, p. 202, n. 5.*

Méditerranée, *Ellis ;* mer du Nord, *Pallas.*

M. ENTRE-CROISÉ. *M. decussata.*

Tab. 23, fig. 9.

M. crétacé, lamelleux; lames droites, entrecroisées entre elles d'une manière très-variée.

M. cretacea, lamellata; laminis variè decussantibus; Sol. et Ellis, p. 131, n. 3.

— *Gmel. Syst. nat. p. 3789, n. 28.*

Côtes du Portugal.

Nota. M. de Lamarck a réuni le *Millepora decussata* d'Ellis au *Millepora agariciformis* de Pallas, nommé *Millepora coriacea* par Gmelin dans son *Systema natura.* D'après la description et la synonymie des deux derniers auteurs, les polypiers que M. de Lamarck regarde comme de la même espèce, en forment deux bien distinctes; j'ignore à laquelle de ces deux espèces doivent appartenir les objets observés par le zoologiste français. Si l'on s'en rapporte à sa phrase descriptive, ils se rapprochent beaucoup plus du *Millepora agariciformis* de Pallas que du *Millepora decussata* d'Ellis. C'est ce qui m'a empêché de le citer.

M. LICHENOÏDE. *M. lichenoïdes.*

Tab. 23, fig. 10, 11, 12.

M. un peu encroûtant avec des lames droites ou inclinées, presque flabellées ou ondulées, semblables aux expansions membraneuses des *Co-*

lemma (famille des Lichens) ; sa couleur varie du rouge au pourpre, au jaune et au vert.

M. laminis tenuibus, semicircularibus, horizontaliter foliosa ; Sol. et Ellis, p. 131, n. 4.

Millepora alga ; *Gmel. Syst. nat. p. 3789, n. 29.*

Millépore byssoïde, var. B ; *de Lam. Anim. sans vert. tom. 2, p. 203, n. 12.*

Mers de France et d'Angleterre.

Nota. Ellis, dans son Essai sur les Corallines, a donné à un polypier le nom de *Millepora lichenoïdes*, qui a été adopté par Pallas, Gmelin et par mon ami M. Bosc. Solander, d'après Ellis, a changé cette dénomination, et l'a appelé *Millepora tubipora* ; il a conservé l'épithète de *lichenoïdes* pour une autre espèce que M. de Lamarck regarde comme une variété de son Millépore byssoïde, et que Bosc, d'après Gmelin, nomme *Millepora alga*. Puisque l'on voulait changer le nom de ce polypier, pourquoi ne pas le nommer *Millepora auriculata*, vu sa ressemblance parfaite avec plusieurs Auriculaires ?

M. CERVICORNE. *M. cervicornis.*

Tab. 23, fig. 13.

M. solide, dichotome ou rameux ; rameaux rares, épars, grêles, s'anastomosant quelquefois dans leurs parties inférieures, et amincis vers les extrémités souvent obtuses.

M. calcarea ; ramosa, albissima, solida, dichotoma ; ramulis attenuatis coalescentibus ; Sol. et Ellis, p. 129, n. 1.

— *Gmel. Syst. nat. p. 3789, n. 26.*

Millépore cervicorne ; *de Lam. Anim. sans vert. tom. 2, p. 204, n. 13.*

Océan européen, *de Lamarck* ; Méditerranée, *Ellis.*

Nota. M. de Lamarck appelle Millépore cervicorne le *Millepora calcarea* d'Ellis, quoique ce dernier ait décrit sous le n° 8, page 134, un *Millepora cervicornis*, auquel il applique avec raison le synonyme de Marsigli, dont le zoologiste français ne fait aucune mention, mais qui est cité pour le même objet par Gmelin et par Bosc. Gmelin a fait un double emploi de la figure 152, table 32 de l'ouvrage de Marsigli, en le rapportant à son *Millepora aspera*, ainsi que des figures 153, 154, 155, 156 et 157, qui appartiennent à d'autres espèces.

DEUXIÈME SECTION.

POLYPIERS LAMELLIFÈRES.

Polypiers pierreux, offrant des étoiles lamelleuses, ou des sillons ondés garnis de lames.

ORDRE TREIZIÈME.

CARYOPHYLLAIRES.

Polypiers à cellules étoilées et terminales, cylindriques et parallèles, ou soit cylindriques, soit turbinées, soit épatées, mais non parallèles.

CARYOPHYLLIE. *CARYOPHYLLIA.*

Polypier pierreux, fixé, simple ou rameux ; tige et rameaux subturbinés, striés longitudinalement, et terminés chacun par une cellule lamellée en étoile ; *de Lam. Anim. sans vert. tom. 2, p. 224.*

Madrepora ; *auctorum.*

C. GOBELET. *C. cyathus.*

Tab. 28, fig. 7.

C. simple ou solitaire, en forme de massue turbinée ; une seule étoile concave, avec de petits mamelons au centre.

Madrepora cyathus ; *simplex clavato-turbinata, basi attenuata ; stella obconica ; centro prominulo exeso duplicato ; Sol. et Ellis, p. 150, n. 3.*

— *Gmel. Syst. nat. p. 3757, n. 6.*

Madrepora antophyllum ; *Esper, Zooph. tab. 24, f. 1 — 5.*

— *Gmel. Syst. nat. p. 3960, n. 116.*

C. FASCICULÉE. *C. fasciculata.*
Vulg. l'Œillet.

Tab. 30, fig. 1, 2.

C. rameaux cylindriques, simples, en forme de massue turbinée ; lames des étoiles saillantes.

Madrepora

Madrepora fascicularis; *fasciculata; ramis simplicibus, clavatis, distinctis, fastigiatis, basi coalitis; lamellis extra marginem productis; Sol. et Ellis, p. 151, n. 5.*

— *Gmel. Syst. nat. p.* 3770, *n.* 69.

— *Esper, Zooph.* 1, *tab.* 28.

Madrepora caryophyllites; *Pall. Elench.p.* 313, *n.* 183.

Cayophyllie fasciculée; *de Lam. Anim. sans vert. tom.* 2, *p.* 226, *n.* 4.

Océan des Indes orientales.

Fossile en Europe.

Nota. Gmelin, dans le *Systema natura*, a oublié de faire mention comme synonyme de la pl. 30, fig 12 de Solander et d'Ellis, et de la description que renferme l'ouvrage des auteurs anglais. Elles se trouvent citées pour la première fois par M. de Lamarck.

C. FLEXUEUSE. *C. flexuosa.*

Tab. 32, fig. 1.

C. rameaux réunis en touffe arrondie, cylindriques, flexueux, s'anastomosant quelquefois ensemble.

C. tylindricis, ramosis, flexuosis, subcoalescentibus, in fasciculum rotundatum aggregatis; de Lam. Anim. sans vert. tom. 2, *p.* 227, *n.* 7.

Madrepora flexuosa; *Linn. Amœn. acad.* 1, *p.* 96, *tab.* 4, *f.* 13, *n.* 5.

— *Gmel. Syst. nat. p.* 3770, *n.* 68.

— *Esper, Zooph. Suppl.* 2, *tab.* 6.

Océan indien ?

Observ. Solander et Ellis ainsi que Pallas ont réuni les *Madr. cespitosa* et *flexuosa* de Linné. Gmelin, Bosc et de Lamarck les ont séparés je crois avec raison, d'abord parce qu'Ellis n'a laissé aucune description pour la pl. 32; ensuite parce que la fig. 1re de cette même planche est regardée comme très-bonne par Lamarck, qui la rapporte au *Madrepora flexuosa* de Linné, et qu'il y a beaucoup de différence entre cette figure et celles 5 et 6 de la pl. 31.

Gmelin dans sa phrase descriptive dit *stellis convexis, striatis;* la figure les représente concaves. Linné l'indique dans la mer Baltique, et Lamarck dans l'Océan indien, mais avec un point de doute ; peut-on regarder ces différences comme trop peu essentielles pour que l'on doive s'y arrêter, d'autant que Linné, Pallas et M. de

Lamarck gardent le silence sur la forme des étoiles, et que Gmelin est sujet à commettre des erreurs ?

Nota. Solander n'a point trouvé dans les papiers d'Ellis l'explication de la pl. 32.

C. EN BUISSON. *C. cespitosa.*

Tab. 31, fig. 5, 6.

C. rameaux cylindriques, droits ou légèrement flexueux, distincts et s'anastomosant entre eux ; sommets terminés par des étoiles un peu concaves et lamelleuses.

Madrepora flexuosa; *fasciculata; ramis cylindraceis, striatis, scabriusculis, flexuosis, hinc coalescentibus; stellis concavis; lamellis æqualibus; Sol. et Ellis, p.* 151, *n.* 6.

— *Pall. Elench. p.* 315, *n.* 184.

Madrepora cespitosa; *Linn. Gmel. Syst. nat. p.* 3770, *n.* 67.

Madrepora fascicularis ; *Esper, Zooph.* 1, *tab.* 29.

Caryophyllie en gerbe; *de Lam. Anim. sans vert. tom.* 2, *p.* 228, *n.* 8.

Méditerranée.

C. ANTOPHYLLE. *C. antophyllum.*

Tab. 29.

C. fasciculée; rameaux en forme de long entonnoir, légèrement flexueux ; une seule étoile lamelleuse et interne au sommet de chaque rameau.

Madrepora antophyllites; *fasciculata; ramis clavatis, corniformibus, lævigatis, subflexuosis, hinc coalescentibus; Sol. et Ellis, p.* 151, *n.* 4.

— *Esper, Zooph. Suppl.* 1, *tab.* 72.

Caryophyllie antophylle; *de Lam. Anim. sans vert. tom.* 2, *p.* 228, *n.* 9.

Indes orientales.

Nota. M. de Lamarck cite avec un point de doute l'*Antophyllum saxum* de *Rumphius, Amb.* VI, *pag.* 245, *tab.* 87, *fig.* 4 : Ellis cite la même figure sans point de doute, et Gmelin dans son *Systema natura* le rapporte au *Madrepora ramea*, espèce entièrement distincte de la Caryophyllie antophylle. Le point de doute mis par M. de Lamarck doit être effacé, ou bien son *Caryophyllia antophyllum* n'est point le *Madrepora antophyllites* de Solander et Ellis.

C. ARBORESCENTE. *C. ramea.*

Tab. 38, et tab. 32, fig. 3, 4, 5, 6, 7, 8.

C. rameuse, dendroïde ; rameaux cylindriques, épars ; petits rameaux latéraux, courts, inégaux, terminés par une étoile.

Madrepora ramea ; *fruticulosa, ferruginea ; ramulis obliquis subpinnatis, adscendentibus, cylindraceis, stellâ terminatis ; Sol. et Ellis, p.* 155, *n.* 17.

— *Pall. Elench. p.* 302, *n.* 176.

— *Gmel. Syst. nat. p.* 3777, *n.* 93.

— *Esper, Zooph.* 1, *tab.* 9. ═ *Tab.* 10, *A.*

Caryophyllie en arbre ; *de Lam. Anim. sans vert. tom.* 2, *p.* 228, *n.* 11.

Méditerranée, *Imperati, Marsigli,* etc. ; Afrique, *Shaw* ; Norwège, *Linné ?*

Nota. M. Bosc a copié la fig. 6 de la tab. 32 de Solander et d'Ellis pour l'animal du *Madrepora ramea ;* ainsi les fig. 3 — 8 de cette planche ne se rapportent pas à la fig. 2, citée par M. de Lamarck pour son *Oculina prolifera.*

Solander dit formellement que les fig. 3 — 8, tab. 32, sont copiées de la pl. 4, pag. 105, vol. 47 des *Transactions philosophiques.* Ces figures, publiées d'abord par Donati, dans son *Histoire de la mer Adriatique,* représentent un animal tellement compliqué dans son organisation, que je suis tenté de le regarder comme un effet de l'imagination de l'auteur. Les *Transactions philosophiques* les ont copiées dans cet ouvrage, et c'est par erreur que Pallas, Bosc et Gmelin ont cité pag. 53, tab. 6 de Donati, au lieu de pag. 50, tab. 7.

C. FASTIGIÉE. *C. fastigiata.*

Tab. 33.

C. droite, dichotome ou rameuse ; rameaux épais, anguleux, striés, d'une longueur presque égale ; étoiles presque turbinées, plissées sur les bords.

Madrepora fastigiata ; *dichotoma, subfastigiata ; ramis subdistinctis; stellis omnibus terminalibus subregularibus ; annotinis compresso - duplicatis ; Sol. et Ellis, p.* 152, *n.* 8.

— *Pall. Elench. p.* 301, *n.* 175.

— *Gmel. Syst. nat. p.* 3777, *n.* 92.

— *Esper, Zooph. Suppl.* 1, *tab.* 82.

Madrepora capitata ; *Esper, Zooph. Suppl.* 1, *tab.* 81.

Caryophyllie en cyme ; *de Lam. Anim. sans vert. tom.* 2, *p.* 228, *n.* 12.

Océan atlantique, côte d'Amérique.

C. SINUEUSE. *C. sinuosa.*

Tab. 34.

C. rameaux courts, comprimés, sinueux, se dilatant au sommet ; étoiles alongées, comprimées, flexueuses, très-épineuses.

Madrepora angulosa, var. γ ; *ramis supernè dilatatis, compressis, sinuoso -flexuosis, subconglomeratis ; Sol. et Ellis, p.* 153.

Madrepora cristata ; *Esper, Zooph.* 3, *p.* 150, *tab.* 26.

— *Gmel. Syst. nat. p.* 3773, *n* 117.

Caryophyllie sinueuse ; *de Lam. Anim. sans vert. tom.* 2, *p.* 229, *n.* 14.

Mers d'Amérique, *Lam.* ; côtes de la Chine, *Esper* et *Gmel.*

Nota. Ce polypier diffère du *Madrepora sinuosa* décrit par Solander et Ellis, pag. 160, n° 35.

C. CHARDON. *C. carduus.*

Tab. 35.

C. en cyme ; rameaux peu nombreux, sillonnés, épineux, très-gros, cylindriques ; étoiles grandes et régulières, bords des lames dentés en scie.

Madrepora carduus ; *dichotoma ; ramis sulcato-muricatis ; stellis simplicibus, regularibus ; lamellis serrato-dentatis ; Sol. et Ellis, p.* 153, *n.* 10.

— *Esper, Zooph.* 1, *tab.* 25, *f.* 2, *et fortè tab.* 7.

Madrepora lacera ; *Pallas, Elench. p.* 298, *n.* 173.

Caryophyllie chardon ; *de Lam. Anim. sans vert. tom.* 2, *p.* 229, *n.* 15.

Mers d'Amérique.

Nota. Ellis regarde comme une variété jeune et sans tige le *Madrepora lacera* de Pallas : ce dernier rapporte à son espèce le polypier figuré par Knorr, tab. AIII, fig. 1, que M. de Lamarck considère avec raison comme le *Caryophyllia angulosa*. D'après les descriptions, les synonymes et l'examen des figures, comparées aux objets, je pense que les *Madrepora lacera* de Pallas, *Madrepora carduus* d'Ellis et *Caryophyllia carduus* de Lamarck appartiennent à la même espèce. Gmelin ne fait aucune mention de ce beau polypier.

TURBINOLIE. *TURBINOLIA.*

Polypier pierreux, simple, conique ou cunéiforme; strié longitudinalement, terminé par une cellule lamellée, ronde ou ovale selon la forme du polypier; *de Lam. Anim. sans vert. tom.* 2, *p.* 230.

Nota. Ces polypiers ne sont point libres comme le dit M. de Lamarck; ils sont fixés par leur partie inférieure, rétrécie presque en pointe aiguë; dans les individus en bon état, l'on trouve encore le pédicelle bien distinct du polypier, avec l'extrémité cassée. Les stries longitudinales des Turbinolies sont au nombre de douze, vingt-quatre, quarante-huit, etc.: elles correspondent aux rayons des étoiles qui sont toujours alternativement grands et petits.

M. de Lamarck décrit huit espèces de Turbinolies, toutes sont fossiles; il en existe un plus grand nombre d'inédites dans les collections.

On n'a pas encore trouvé de Turbinolies dans le calvaire à polypiers des environs de Caen.

T. TURBINÉE. *T. turbinata.*

T. turbinée concave, substriée extérieurement; bord de l'étoile droit; centre discoïde.

T. turbinato-concava, extùs substriata; stellæ margine recto; centro discoïdeo; de Lam. Anim. sans vert. tom. 2, *p.* 231, *n.* 2.

Madrepora turbinata; *Linn. Amœn. acad.* 1, *tab.* 4, *f.* 2, 3 — 7.

Se trouve fossile à Courtagnon.

Nota. M. de Lamarck a fait deux espèces du *Madrepora turbinata* de Linné, et nomme *Turbinolia cyathoïdes* celle que le Pline suédois a représentée fig. 1 de la tab. 4. Elle ne diffère que par la grandeur de l'étoile; à laquelle des deux s'appliquent les synonymes de Pallas (*Madrepora trochiformis*), de Gmelin, etc.?

T. CRISPÉE. *T. crispa.*

Tab. 74, fig. 14, 15, 16, 17.

T. en forme de coin; vingt-quatre stries longi-

---

tudinales, ondulées dans leur partie supérieure; base avec une cassure ovale, bien apparente.

T. cuneata, extùs sulcis longitudinalibus crispis exarata; stellâ oblongâ; lamellis latere asperis; de Lam. Anim. sans vert. tom. 2, *p.* 231, *n.* 5.

Fossile de Grignon.

Reçu de M. de France.

T. SILLONNÉE. *T. sulcata.*

Tab. 74, fig. 18, 19, 20, 21.

T. conique; vingt-quatre stries longitudinales, droites; deux pores ronds ou un seul alongé entre les stries en lignes circulaires parallèles entre elles.

T. cylindraceo-turbinata; sulcis longitudinalibus elevatis, ad interstitia transversè striatis; de Lam. Anim. sans vert. tom. 2, *p.* 231, *n.* 6.

Fossile de Grignon.

Reçu de M. de France.

T. COMPRIMEE. *T. compressa.*

Tab. 74, fig. 22, 23.

T. comprimée; stries très-nombreuses, droites, très-rapprochées, plus ou moins saillantes dans leur longueur; surface extérieure légèrement ondulée; grandeur, environ 2 centimètres.

T. brevis, turbinata, compressa; stellâ oblongâ; lamellis inæqualibus denticulatis; de Lam. Anim. sans vert. tom. 2, *p.* 231, *n.* 4.

Habit.....

Nota. Beaucoup de Turbinolies sont comprimées et mériteraient de former une section particulière.

CYCLOLITE. *CYCLOLITES.*

Polypier pierreux, orbiculaire ou elliptique, convexe et lamelleux en dessus, sublacuneux au centre, aplati en dessous avec des lignes circulaires concentriques; une seule étoile lamelleuse, occupant la surface supérieure; les lames très-fines, entières, non hérissées; *de Lam. Anim. sans vert. tom.* 2, *p.* 232.

Madrepora; *auctorum.*

C. NUMISMALE.   *C. numismalis.*

C. orbiculaire ; supérieurement, étoile lamelleuse convexe avec une lacune centrale et arrondie ; inférieurement, lignes concentriques traversées par d'autres lignes rayonnantes.

Madrepora porpita; *simplex, orbiculata, plana, stella convexa; Linn. Amænit. acad.* 1, *p.* 91, *n.* 2, *tab.* 4, *f.* 5.

— *Guett. Mem.* 3, *pl.* 23, *f.* 4, 5.

— *Esper, Zooph. Suppl. petrif. tab.* 1, *f.* 1 — 3.

Cyclolite numismale ; *de Lam. Anim. sans vert. tom.* 2, *p.* 233, *n.* 1.

Océan indien et mer Rouge.

Fossile à....

C. ELLIPTIQUE.   *C. elliptica.*

C. elliptique ; convexe supérieurement, avec la lacune centrale de forme alongée.

C. elliptica, supernè convexa, lamellis obsoletis stellata ; lacuna centrali elongata ; de Lam. Anim. sans vert. tom. 2, *p.* 234, *n.* 4.

— *Guett. Mem.* 3, *tab.* 21, *f.* 17, 18.

Fossile des environs de Perpignan.

FONGIE. *FUNGIA.*

Polypier pierreux, simple, orbiculaire ou oblong, convexe et lamelleux en dessus avec un enfoncement oblong au centre, concave et raboteux en dessous ; une seule étoile lamelleuse, subprolifère, occupant la surface supérieure ; lames dentées ou hérissées latéralement; *de Lam. Anim. sans vert. tom.* 2, *p.* 234.

Madrepora ; *auctorum.*

F. PATELLAIRE.   *F. patellaris.*
Tab. 28, fig. 1, 2, 3, 4.

F. orbiculaire ; surface inférieure avec des spinules et des stries rayonnantes ; une seule étoile presque plane ; les lames inégales épineuses ou dentées.

Madrepora patella ; *simplex, acaulis ; lamellis latere muricatis, subtrichotomis ; tertiis indivisis majoribus ; Sol. et Ellis, p.* 148, *n.* 1.

— *Gmel. Syst. nat. p.* 3757, *n.* 5.

— *Esper, Zooph. tab.* 62, *f.* 1 — 6.

Fongie patellaire ; *de Lam. Anim. sans vert. tom.* 2, *p.* 236, *n.* 4.

Méditerranée, *Ellis.*

Nota. M. de Lamarck, d'apres *Rumphius, Amb.* vi, *tab.* 88, *fig.* 1, indique ce polypier dans les mers de l'Inde.

F. AGARICIFORME.   *F. agariciformis.*
Tab. 28, fig. 5, 6.

F. orbiculaire ; rude inférieurement ; une seule étoile un peu convexe ; lames inégales denticulées, les plus grandes de la longueur des rayons.

Madrepora fungites; *simplex, acaulis, convexa; lamellis latere subasperis indivisis ; alternis minoribus subincompletis ; Sol. et Ellis, p.* 149, *n.* 2.

— *Pall. Elench. p.* 281, *n.* 165.

— *Gmel. Syst. nat. p.* 3767, *n.* 4.

— *Esper, Zooph.* 1, *tab.* 1, *f.* 1.

Fongie agariciforme ; *de Lam. Anim. sans vert. tom.* 2, *p.* 236, *n.* 5.

Océan indien et mer Rouge.

F. LIMACE.   *F. limacina.*
Vulg. *la Limace de mer.*
Tab. 45.

F. oblongue, convexe supérieurement, concave et échinulée inférieurement ; une seule étoile alongée comme un sillon presque longitudinal, composée de lames transversales, presque pinnées, courtes, inégales, un peu arrondies.

Madrepora pileus ; *oblonga, convexa; centris omnibus dorsalibus concatenatis, lamellis majoribus abruptis ; minoribus continuis subanastomosantibus ; Sol. et Ellis, p.* 159, *n.* 31.

— *Pall. Elench. p.* 285, *n.* 166.

— *Gmel. Syst. nat. p.* 3758, *n.* 7.

— *Esper, Zooph. Suppl.* 1, *tab.* 63 *et tab.* 73.

Fongie limace ; *de Lam. Anim. sans vert.* tom. 2 , *p.* 237, *n.* 7.

Océan indien.

Nota. Pallas et Gmelin d'après lui ont confondu ensemble , sous le nom de *Madrepora pileus*, trois espèces bien distinctes que M. de Lamarck a séparées. Il a donné le nom de *Fungia limacina* au *Madrepora pileus*, figuré par Seba , *tab.* 111 , *fig.* 3 — 5 ; de *Fungia pileus* au polypier , figuré par Rumphius , *tab.* 88 , *fig.* 3 , sous le nom de *Mitra polonica* , vulgairement le bonnet de Neptune ; et de *Fungia talpa* à celui figuré par Seba , *tab.* 111 , *fig.* 6 , *et tab.* 112 , *fig.* 31 , sous le nom de *Talpa marina*, vulgairement la taupe de mer ; Pallas avait fait de cette dernière la variété B de son *Madrepora pileus*.

ORDRE QUATORZIÈME.

MEANDRINÉES.

Étoiles ou cellules latérales , ou répandues à la surface , non circonscrites , comme ébauchées , imparfaites ou confluentes.

PAVONE. *PAVONIA.*

Polypier pierreux, frondescent ; lobes aplatis , subfoliacés , droits ou ascendants , ayant les deux surfaces garnies de sillons ou de rides stellifères ; étoiles lamelleuses , sériales , sessiles , plus ou moins imparfaites ; *de Lam. Anim. sans vert.* tom. 2 , *p.* 238.

Madrepora ; *auctorum.*

P. AGARICITE. *P. agaricites.*

Tab. 63.

P. expansions foliacées , arrondies , courtes et épaisses , couvertes supérieurement de sillons ou de petites lamelles transversales, flexueuses, à bord tranchant ; étoiles concaténées ou éparses.

Madrepora agaricites ; *foliaceo-cristata , concatenata ; stellis flexuoso-subserialibus obconicis subangulatis , ambulacris acutè carinatis , rectius-*

culis , hinc coalescentibus ; Sol. et Ellis , p. 159, *n.* 32.

— *Pall. Elench. p.* 287, *n.* 167.

— *Gmel. Syst. nat. p.* 3759 , *n.* 13.

— *Esper, Zooph.* 1 , *tab.* 20.

Pavone agaricite ; *de Lam. Anim. sans vert.* tom. 2 , *p.* 239 , *n.* 1.

Océan atlantique américain.

Nota. Je l'ai reçu de la Martinique.

P. LAITUE. *P. lactuca.*

Tab. 44.

P. expansions foliacées , très-minces , presque plissées ou frisées , déchirées ; surface striée par de petites lamelles longitudinales ou obliques , légèrement dentées , souvent crénelées , plus grandes sur une des deux surfaces ; étoiles grandes et irrégulières.

Madrepora lactuca ; *conglomerată , sessilis ; stellis magnis confertis frondescentibus ; frondibus laciniosis crispatis ; Pall. Elench. p.* 289 , *n.* 168.

— *Sol. et Ellis , p.* 158, *n.* 28 ; (*absque descriptione.*)

— *Gmel. Syst. nat. p.* 3758 , *n.* 9.

Pavone laitue ; *de Lam. Anim. sans vert. tom.* 2 , *p.* 239 , *n.* 3.

Océan atlantique américain.

P. BOLÉTIFORME. *P. boletiformis.*

Tab. 31 , fig. 3 , 4.

P. expansions droites , presque planes , ondulées ou crêtées ; étoiles sériales , peu déterminées ; centre légèrement ombiliqué.

Madrepora cristata ; *foliaceo-cristata , concatenata ; stellis serialibus centro impressis , ambulacris explanatis planiusculis ; Sol. et Ellis , p.* 158, *n.* 27.

— *Gmel. Syst. nat. p.* 3758 , *n.* 8.

M. agaricites , var. B ; *Pall. Elench. p.* 287, *n.* 167.

M. boletiformis ; *Esper, Zooph.* 1 , *tab.* 56.

Pavone boletiforme ; *de Lam. Anim. sans vert. tom. 2, p. 240, n. 4.*

Océan pacifique, mer des Indes, *Ellis :* Amérique, *Pallas.*

AGARICE. *AGARICIA.*

Polypier pierreux, à expansions aplaties, subfoliacées, ayant une seule surface garnie de sillons ou de rides stellifères ; étoiles lamelleuses, sériales, sessiles, souvent imparfaites et peu distinctes ; *de Lam. Anim. sans vert. tom. 2, p. 241.*

Madrepora ; *auctorum.*

A. CAPUCHON. *A. cucullata.*

Tab. 42, fig. 1, 2.

A. expansions étendues, foliacées, presque planes, se contournant avec l'âge, jointes par leur base, crêtées, ridées; rides transversales, flexueuses, saillantes ; étoiles profondes, irrégulières ; surface inférieure finement striée.

Madrepora cucullata ; *foliacea, explanata, concatenata ; stellis subserialibus profundis ; ambulacris acutè carinatis subflexuosis ; Sol. et Ellis, p. 157, n. 25.*

— *Esper, Zooph. Suppl. 1, tab. 67.*

Agarice contournée ; *de Lam. Anim. sans vert. tom. 2, p. 242, n. 1.*

Habitation inconnue.

A. ONDÉE. *A. undata.*

Tab. 40.

A. polypier large, comprimé ; surface supérieure plane, couverte de lignes relevées en bosse, épaisses, arrondies, légèrement flexueuses, transversales et quelquefois légèrement anastomosées ; étoiles placées sur le bord externe des lignes.

Madrepora undata ; *foliacea, explanata, concatenata ; stellis serialibus ; ambulacris intra stellas elevatis ; carinis rotundatis crassis ; Sol. et Ellis, p. 157, n. 23.*

— *Esper, Zooph. Suppl. 1, tab. 78.*

Agarice ondée ; *de Lam. Anim. sans vert. tom. 2, p. 242, n. 2.*

Habitation inconnue.

A. FLABELLINE. *A. flabellina.*

Tab. 41, fig. 1, 2.

A. expansions presque flabellées, rugueuses longitudinalement ; rugosités rameuses en lignes rayonnantes, un peu flexueuses, arrondies, souvent anastomosées, formées de lamelles dentées et très-rudes ; quelques étoiles éparses et peu déterminées.

Madrepora ampliata ; *foliacea, explanata, concatenata ; ambulacris carinatis angustis acutiusculis ; corallio subtùs subdichotomo striato ; Sol. et Ellis, p. 157, n. 24.*

Var.? Madrepora elephantopus ; *Pall. Elench. p. 290, n. 168, B.*

— *Gmel. Syst. nat. p. 3759, n. 14.*

— *Esper, Zooph. 1, tab. 18.*

Agarice flabelline ; *de Lam. Anim. sans vert. tom. 2, p. 243, n. 4.*

Océan indien.

MÉANDRINE. *MEANDRINA.*

Polypier pierreux, formant une masse simple, convexe, hémisphérique ou ramassée en boule ; surface convexe partout, occupée par des ambulacres plus ou moins creux, sinueux, garnis de chaque côté de lames transverses, parallèles qui adhèrent à des crêtes collinaires ; *de Lam. Anim. sans vert. tom. 2, p. 244.*

Madrepora ; *auctorum.*

M. LABYRINTHIQUE. *M. labyrinthica.*

Tab. 46, fig. 3, 4.

M. hémisphérique ; surface supérieure couverte de sillons ou d'éminences longues, tortueuses, simples ou peu rameuses, se dirigeant dans tous les sens, à base large, à sommet étroit presque aigu, formées par des lames denticulées, étroites,

Madrepora labyrinthica ; *conglomerata , anfractibus basi dilatatis , longis ; dissepimentis exesis , æqualibus , latis ; ambulacris simplicibus ; Sol. et Ellis , p. 160 , n. 34.*

— *Gmel. Syst. nat. p.* 3760 *, n.* 18.

— *Esper , Zooph.* 1 *, tab.* 3.

M. mœandrites ; *Pall. Elench. p.* 292 *, n.* 171.

Méandrine labyrinthiforme ; *de Lam. Anim. sans vert. tom. 2 , p.* 246 *, n.* 1.

Océan des Antilles.

Nota. Cette espèce varie beaucoup ; c'est une des plus communes autour des Antilles : on s'en sert pour faire de la chaux.

M. DÉDALE. *M. dædalea.*

Tab. 46, fig. 1, 2.

M. hémisphérique, couverte d'éminences perpendiculaires sinueuses, formées de lames dentées, déchirées à leur base ; sinuosités profondes et courtes.

Madrepora dædalea ; *conglomerata ; anfractibus profundis , brevibus ; dissepimentis subexesis , laceris ; lamellis serrato-dentatis ; ambulacris perpendicularibus ; Sol. et Ellis , p.* 163 *, n.* 43.

— *Gmel. Syst. nat. p.* 3762 *, n.* 26.

— *Esper, Zooph. Suppl.* 1 *, tab.* 57, *f.* 1 — 3.

Méandrine dédale ; *de Lam. Anim. sans vert. tom. 2 , p.* 246 *, n.* 3.

Océan indien.

M. PECTINÉE. *M. pectinata.*

Tab. 48, fig. 1. = Tab. 51, fig. 1.

M. sessile , presque hémisphérique ; sinuosités étroites et profondes ; éminences pectinées, hautes et larges ; lamelles un peu épaisses, écartées, presque entières.

Madrepora mœandrites ; *conglomerata ; dissepimentis simplicibus subsolutis ; lamellis incrassatis , æqualibus , remotis , intùs attenuatis , subintegris ; Sol. et Ellis , p.* 161 *, n.* 37.

— *Gmel. Syst. nat. p.* 3761 *, n.* 20.

Madrepora labyrinthica ; *Pall. Elench. p.* 297 *, n.* 172.

Méandrine pectinée ; *de Lam. Anim. sans vert. tom. 2 , p.* 247 *, n.* 4.

Océan atlantique américain.

Observ. La figure 1, planche 51, n'est citée par aucun auteur ; ni Solander, ni Ellis n'en ont donné de description ; n'ayant jamais vu ce polypier en nature, mais la figure qu'en a donnée Ellis ayant beaucoup de rapport avec la figure 1 , planche 48, je les ai réunies sous une seule dénomination. Il est facile de se convaincre que les différences sont peu essentielles entre ces deux objets, et qu'il est presque impossible qu'ils constituent deux espèces distinctes.

Nota. Dans cette espèce les éminences sont plus hautes et plus larges que dans les précédentes.

M. ARÉOLÉE. *M. areolata.*

Tab. 47, fig. 4, 5.

M. turbinée, plus ou moins ouverte, presque calyciforme ; limbe très sinueux, crispé ou plissé, souvent doublé dans quelques points ; surface antérieure garnie de sillons dentés ou épineux ; l'intérieure lamelleuse ; lamelles étroites, denticulées, rudes, inégales.

Madrepora areolata ; *conglomerata ; anfractibus dilatatis ; dissepimentis exesis subinæqualibus ; ambulacris duplicatis , hinc dilatatis ; lamellis denticulato-crenulatis ; Sol. et Ellis , p.* 161 *, n.* 36.

— *Pall. Elench. p.* 295 *, n.* 171 *, B.*

M. areola ; *Gmel. Syst. nat. p.* 3761 *, n.* 21.

— *Esper. Zooph.* 1 *, tab.* 5.

Méandrine aréolée ; *de Lam. Anim. sans vert. tom. 2 , p.* 247 *, n.* 5.

Océan des deux Indes.

M. SINUEUSE. *M. gyrosa.*

Tab. 51, fig. 2.

M. hémisphérique ; sinuosités longues, épaisses, à grandes ondulations et peu nombreuses ; lamelles foliacées plus larges à leur base, à bord uni ; éminences tronquées.

Madrepora gyrosa ; *conglomerata , cellulosa ; ambulacris duplicatis , foliaceis ; dissepimentis sim-*

plicibus ; lamellis foliaceis æqualibus ; Sol. et Ellis, p. 163, n. 44.

— *Gmel. Syst. nat. p. 3763, n. 27.*

— *Esper, Zooph. Suppl.* 1, *tab.* 80, *f.* 1.

Méandrine ondoyante ; *de Lam. Anim. sans vert. tom.* 2, *p.* 247, *n.* 7.

Habitation inconnue.

Nota. Aucun auteur n'indique l'habitation de ce polypier, qui n'est pas rare dans les collections.

M. BRODÉE.   *M. phrygia.*
Tab. 48, fig. 2.

M. sessile presque hémisphérique ; sinuosités très-étroites, longues, tantôt droites, tantôt flexueuses ; lamelles petites un peu écartées ; éminences perpendiculaires.

Madrepora phrygia ; *conglomerata ; anfractibus longissimis, angustis ; ambulacris perpendicularibus simplicibus ; dissepimentis simplicibus laminosis lobulatis ; lamellis remotiusculis ; Sol. et Ellis, p.* 162, *n.* 40.

— *Gmel. Syst. nat. p.* 2762, *n.* 23.

Madrepora filograna ; *Esper, Zooph.* 1, *tab.* 22.

Méandrine ondes-étroites ; *de Lam. Anim. sans vert. tom.* 2, *p.* 248, *n.* 8.

Océan indien, *de Lamarck ;* mer Pacifique, *Ellis.*

Nota. Gmelin, dans le *Systema natura*, a fait deux espèces du *Madrepora phrygia* d'Ellis et du *Madrepora filograna* d'Esper. M. de Lamarck fait mention de deux espèces de Méandrines avec les mêmes dénominations : il réunit à son *Meandrina phrygia* le *Madrepora filograna* d'Esper, avec cette différence qu'il cite tab. 22, et Gmelin tab. 23 ; cependant il donne le synonyme de Gmelin à son *Meandrina filograna* avec celui de Gualtieri. Pour éclaircir cette synonymie un peu embrouillée, il faut vérifier dans Esper si la planche 22 représente le *Madrepora phrygia* d'Ellis, et la pl. 23 le *Madrepora filograna* de Gualtieri. Au reste, je ne doute nullement que M. de Lamarck n'ait eu raison de faire deux espèces distinctes du *Madrepora phrygia* d'Ellis et du *Madrepora filograna* de Gualtieri.

MONTICULAIRE. *MONTICULARIA.*

Polypier pierreux, encroûtant les corps marins, ou se réunissant, soit en masse subglobuleuse

gibbeuse, ou lobée, soit en expansions subfoliacées ; surface supérieure hérissée d'étoiles élevées, pyramidales ou collinaires ; étoiles élevées en cône ou en colline, ayant un axe central solide, soit simple, soit dilaté, autour duquel adhèrent des lames rayonnantes ; *de Lam. Anim. sans vert. tom.* 2, *p.* 248.

Madrepora ; *auctorum.*

Hydnophora ; *Fischer.*

M. LOBÉE.   *M. lobata.*

M. grande masse glomérulée, gibbeuse, fortement lobée, fixée par sa base ; cônes élargis, comprimés, serrés, inégaux, à lames lâches, subserrulées.

M. conglomerata, supernè gibboso-lobata ; conulis confertis, dilatato-compressis ; lamellis laxis ; de Lam. Anim. sans vert. tom. 2, *p.* 250, *n.* 2.

Océan des grandes Indes.

M. PETITS CONES.   *M. microconos.*
Tab. 49, fig. 3.

M. encroûtante ; cônes petits, très-serrés, un peu comprimés, presque égaux entre eux ; lamelles dentelées.

Madrepora exesa ; *conglomerata ; stellis reticulato-concatenatis ; interstitiis abruptis, subconicis, acutis ; Sol. et Ellis, p.* 161, *n.* 38.

— *Pall. Elench. p.* 290, *n.* 169.

— *Gmel. Syst. nat. p.* 3759, *n.* 17.

Monticulaire petits cônes ; *de Lam. Anim. sans vert. tom.* 2, *p.* 251, *n.* 4.

Océan indien, *Pallas, de Lamarck ;* mer Pacifique, *Ellis.*

ORDRE QUINZIÈME.

ASTRÉES.

Etoiles ou cellules circonscrites, placées à la surface supérieure du polypier.

ÉCHINOPORE.

ASTRÉES.

ÉCHINOPORE. *ECHINOPORA.*

Polypier pierreux, aplati et étendu en membrane libre, arrondie, foliiforme, finement striée des deux côtés ; surface supérieure chargée de petites papilles, ainsi que d'orbicules rosacés convexes très-hérissés de papilles, percés d'un ou de deux trous, recouvrant chacun une étoile lamelleuse ; étoiles éparses, orbiculaires, couvertes ; lames inégales presque confuses, saillantes des parois et du fond, et obstruant en partie la cavité ; *de Lam. Anim. sans vert. tom. 2, p. 252.*

E. A ROSETTES. *E. rosularia.*

E. polypier à expansions ondées, larges d'environ 3 décimètres ; cellules lamellifères en étoiles, et recouvertes par une lame superficielle, formant sur chaque étoile une bosselette orbiculaire convexe, très-hérissée et percée d'un ou de deux petits trous inégaux.

E. explanato-foliacea, suborbiculata ; supernâ superficie striis asperis et orbiculis echinatis obtectâ ; infernâ muticâ, striatâ ; de Lam. Anim. sans vert. tom. 2, p. 253, n. 1.

Mers de l'Australasie.

———

EXPLANAIRE. *EXPLANARIA.*

Polypier pierreux développé en membrane libre, foliacée, contournée ou onduleuse, sublobée ; une seule face stellifère ; étoiles éparses, sessiles, plus ou moins séparées ; *de Lam. Anim. sans vert. tom. 2, p. 254.*

Madrepora ; *auctorum.*

E. MÉSENTÉRINE. *E. mesenterina.*
Tab. 43.

E. contournée, sinueuse, variant dans ses replis ; étoiles enfoncées à lames très-étroites et nombreuses ; interstices entre les étoiles poreux et rudes.

Madrepora cinerascens ; *subfoliacea, explanata, aggregata, subtùs aceroso-scabrosa, stellis remo-*

ASTRÉES. 57

tiusculis elevatis ; ambulacris scabrosis ; Sol. et Ellis, p. 157, n. 26.

— *Esper, Zooph. Suppl. 1, tab. 68.*

Explanaire mésentérine ; *de Lam. Anim. sans vert. tom. 2, p. 255, n. 2.*

Océan indien.

E. RUDE. *E. aspera.*
Tab. 39.

E. surface supérieure très-rude, presque piquante, irrégulièrement aplanie et lamelleuse ; étoiles grandes, lamelleuses ; lames dentées presque épineuses ; surface inférieure striée.

Madrepora aspera ; *foliacea, explanata, subaggregata ; stellis elevatis subdistinctis ; lamellis asperato-spinulosis, ambulacris concavis ; Sol. et Ellis, p. 156, n. 21.*

Explanaire piquante ; *de Lam. Anim. sans vert. tom. 2, p. 256, n. 4.*

Océan des Indes.

———

ASTRÉE. *ASTREA.*

Polypier pierreux, encroûtant les corps marins ou se réunissant en masse hémisphérique ou globuleuse, rarement lobée ; surface supérieure chargée d'étoiles orbiculaires ou subanguleuses, lamelleuses, sessiles ; *de Lam. Anim. sans vert. tom. 2, p. 257.*

Madrepora ; *auctorum.*

A. RAYONNANTE. *A. radiata.*
Tab. 47, fig. 8.

A. étoiles grandes, orbiculaires, très-concaves, à bord arrondi très-saillant ; lamelles très-étroites ; interstices à sillons rayonnants.

Madrepora radiata ; *aggregata ; stellis cylindraceis, margine elevatis ; interstitiis latis concavis sulcato-radiatis ; Sol. et Ellis, p. 169, n. 71.*

— *Pall. Elench. p. 320, n. 188. Varietas è museo dom. Cramer.*

— *Gmel. Syst. nat. p. 3765, n. 42.*

Astrée rayonnante ; *de Lam. Anim. sans vert. tom.* 2 , *p.* 258, *n.* 1.

Océan américain atlantique.

A. ANNULAIRE. *A. annularis.*

Tab. 53, fig. 1, 2.

A. étoiles orbiculaires, concaves, un peu écartées ; bords élevés, presque striés ; interstices planoconcaves marqués de sillons rayonnants autour des étoiles.

Madrepora annularis ; *aggregata ; stellis teretibus, æqualibus, margine elevatis ; interstitiis planoconcavis radiatis ; Sol. et Ellis , p.* 169, *n.* 69.

M. astroïtes ; *Pall. Elench. p.* 320, *n.* 188.

M. cavernosa ; *Gmel. Syst. nat. p.* 3767, *n.* 55.

Astrée annulaire ; *de Lam. Anim. sans vert. tom.* 2 , *p.* 259 , *n.* 3.

Océan atlantique américain.

Nota. Pallas ne donne point d'autre synonyme que Seba, tab. 112, fig. 15, 19, 22, pour son *Madrepora astroïtes.* M. de Lamarck cite également Seba pour son *Astrea annularis,* et Pallas, à la vérité avec un point de doute, pour l'*Astrea argus.* Je n'ai pas cru devoir adopter la synonymie de M. de Lamarck.

A. ROTULEUSE. *A. rotulosa.*

Tab. 55, fig. 1, 2, 3.

A. presque globuleuse ; étoiles orbiculaires, assez petites, un peu saillantes, peu écartées entre elles et lamelleuses ; lames extérieures aiguës et droites ; les intérieures avec une épine droite à leur base.

Madrepora rotulosa ; *aggregata ; stellis cylindraceis, pauci-radiatis ; lamellis circa marginem erectis, acutis ; basi spinula erecta auctis ; Sol. et Ellis , p.* 166, *n.* 59.

— *Gmel. Syst. nat. p.* 3770, *n.* 66.

An Madr. acropora? Esper, Zooph. Suppl. 1 , *tab.* 38.

Astrée rotuleuse ; *de Lam. Anim. sans vert. tom.* 2 , *p.* 259, *n.* 4.

Océan atlantique américain.

Nota. M. de Lamarck cite avec un point de doute le *Madrepora acropora* d'Esper ; ce dernier est-il le même que le polypier de même nom du *Systema natura, Gmel. pag.* 3767 , *n.* 54 ? Il cite également, mais sans point de doute , *Sloane, Jam. Hist.* 1 , *tab.* 21 , *fig.* 4 , rapporté par Ellis à son *Madrepora latebrosa, pag.* 170 , *n.* 72 ; *Gmel. Syst. nat. p.* 3765, *n.* 43. De toutes ces citations il résulte que M. de Lamarck a confondu plusieurs espèces entre elles ; ou ce qui est beaucoup plus probable, que la synonymie de l'*Astrea rotulosa* doit comprendre les *Madrepora rotulosa* d'Ellis et de Gmelin, *Madrepora acropora* de Gmelin et d'Esper , *Madrepora latebrosa* de Sloane , d'Ellis et de Gmelin.

A. FAVÉOLÉE. *A. faveolata.*

Tab. 53, fig. 5, 6.

A. aplatie ; étoiles subanguleuses, ordinairement rapprochées irrégulièrement et très-lamelleuses ; parois en général peu épaisses et communes quelquefois à deux cellules.

Madrepora faveolata ; *aggregata ; stellis subangulatis, multiradiatis ; parietibus hinc indè subduplicatis ; Sol. et Ellis , p.* 166, *n.* 57.

— *Gmel. Syst. nat. p.* 3769 , *n.* 64.

Habitation inconnue.

A. PLÉÏADES. *A. pleïades.*

Tab. 53, fig. 7, 8.

A. plano-sphérique ; étoiles petites, élégantes, suborbiculaires ; bords saillants, presque aigus ; interstices presque lisses, quelquefois très-enfoncés ou légèrement concaves.

Madrepora pleïades ; *aggregata ; stellis subteretibus, marginibus acutis elevatis ; interstitiis concavis, læviusculis, hinc caverniosusculis ; Sol. et Ellis , p.* 169, *n.* 68.

— *Gmel. Syst. nat. p.* 3765, *n.* 40.

Astrée pleïades ; *de Lam. Anim. sans vert. tom.* 2 , *p.* 261 , *n.* 11.

Océan indien.

A. STELLULÉE. *A. stellulata.*

Tab. 53, fig. 3, 4.

A. aplatie ; étoiles cylindriques, concaves, inégales, distantes, à bords élevés, striés extérieurement ; interstices presque planes, âpres et raboteux.

ASTRÉES.

Madrepora stellulata ; *aggregata ; cylindricis stellarum teretibus, distantibus, æqualibus, margine elevatis ; interstitiis planiusculis scabriusculis ; Sol. et Ellis, p. 165, n. 52.*

— *Gmel. Syst. nat. p. 3767, n. 50.*

M. interstincta ; *Esper, Zooph. Suppl. 1, p. 10, tab. 34.*

Astrée vermoulue ; *de Lam. Anim. sans vert. tom. 2, p. 261, n. 12.*

Mers d'Amérique.

A. ANANAS. *A. ananas.*

Tab. 47, fig. 6.

A. étoiles presque anguleuses, inégales, lamelleuses en dehors et en dedans ; lamelles dentelées ; bords convexes ; interstices concaves.

Madrepora ananas ; *aggregata ; stellis subangulatis, inæqualibus, multiradiatis ; marginibus convexis, lamellosis ; lamellis denticulato-crenatis ; interstitiis concavis ; Sol. et Ellis, p. 168, n. 64.*

— *Pall. Elench. p. 321, n. 189.*

— *Gmel. Syst. nat. p. 3764, n. 36.*

— *Esper, Zooph. 1, tab. 19.*

M. uva ; *Esper, Zooph. Suppl. 1, tab. 43.*

Astrée ananas ; *de Lam. Anim. sans vert. tom. 2, p. 260, n. 15.*

Océan américain atlantique, *Pallas, Ellis* ; Méditerranée, *Gmelin.*

A. DIPSACÉE. *A. dipsacea.*

Tab. 50, fig. 1.

A. convexe, hémisphérique ; étoiles grandes, irrégulières, anguleuses ; bord large, hérissé de dents aiguës ; parois garnies de beaucoup de lames dentelées en scie.

Madrepora favosa ; *aggregata, conglomerata ; anfractibus substelliformibus, angulatis, patulis ; parietibus simplicibus ; lamellis dentatis, margine connatis, elevatis ; Sol. et Ellis, p. 167, n. 61.*

— *Seba, Thes. III, tab. 112, f. 8, 10, 21 c.*

ASTRÉES.   59

Astrée cardère ; *de Lam. Anim. sans vert. tom. 2, p. 262, n. 16.*

Océan indien.

Nota. M. de Lamarck a séparé le *Madrepora favosa* d'Esper et de Guettard, du *Madrepora favosa* d'Ellis ; le premier se trouve aux grandes Indes et en France, près de Givet, mais à l'état de fossile ; il lui applique le synonyme de *Madrepora favites* de Pallas, pag. 319 et non pag. 321, comme on l'a imprimé par erreur dans l'ouvrage du zoologiste français. Pallas, Ellis et Gmelin n'avoient fait qu'une seule espèce de ces deux polypiers, parce qu'ils offrent la plus grande ressemblance, et qu'il est très-facile de les confondre, à moins que l'on ne possède beaucoup d'individus de l'un et de l'autre dans plusieurs états, et à différentes époques de leur existence.

A. DENTICULÉE. *A. denticulata.*

Tab. 49, fig. 1.

A. étoiles inégales, contiguës ; lames plus élevées que le bord des étoiles, alternativement grandes et petites ; interstices des bords tracés par un léger sillon.

Madrepora denticulata ; *aggregata ; stellis inæqualibus ; lamellis margine elevatis ; majoribus basi processu auctis ; interstitiis sulco-exaratis ; Sol. et Ellis, p. 166, n. 56.*

— *Gmel. Syst. nat. p. 3769, n. 63.*

Astrée denticulée ; *de Lam. Anim. sans vert. tom. 2, p. 263, n. 18.*

Océan indien.

A. ABDITE. *A. abdita.*

Tab. 50, fig. 2.

A. conglomérée, lobée ; étoiles anguleuses, ouvertes, très-lamelleuses ; bord aigu et tranchant ; lames dentelées en scie.

Madrepora abdita ; *subconglomerata ; anfractibus stelliformibus, angulatis, obconicis ; ambulacris simplicibus ; lamellis angustis, crenulato-denticulatis. (Fortè varietas Madrep. favosæ.) Sol. et Ellis, p. 162, n. 39.*

— *Gmel. Syst. nat. p. 3762, n. 22.*

— *Esper, Zooph. Suppl. 1, tab. 45 A, f. 2.*

Astrée anomale ; *de Lam. Anim. sans vert.*
tom. 2 , p. 265, n. 22.

Habitation inconnue.

Nota. Il est difficile de rendre en français le mot *abdita* pour une espèce bien distincte , qui n'offre point
d'anomalie ; une épithète insignifiant , et qui ne change
rien au nom latin, m'a paru préférable à toute autre.

Ellis n'ayant point indiqué de localité , M. de Lamarck présume que ce polypier existe dans les mers des
grandes Indes.

A. SIDÉRALE. *A. siderea.*

Tab. 49, fig. 2.

A. presque globuleuse; étoiles contiguës, presque anguleuses , très-lamelleuses , à parois ouvertes ; lames étroites , inégales , dentelées ; centre petit et enfoncé.

Madrepora siderea ; *aggregata ; stellis confertis ,
rotundis subangulatisque ; parietibus crassis , con-
vexiusculis; lamellis alternis , margine subconnatis;
centris simplicibus ; Sol. et Ellis , p. 168 , n. 66.*

— *Gmel. Syst. nat. p. 3765, n. 38.*

Astrée étoilée ; *de Lam. Anim. sans vert. tom. 2,
p. 267, n. 30.*

Habitation inconnue.

Nota. Ni Ellis , ni M. de Lamarck , ni Gmelin , n'indiquent le lieu où existe ce polypier , qui n'est pas très-
rare dans les collections.

A. GALAXÉE. *A. galaxea.*

Tab. 47, fig. 7.

A. encroûtante ; étoiles rapprochées, un peu enfoncées, lamelleuses; quelques lamelles plus grandes
que les autres s'étendent jusqu'au centre des
étoiles.

Madrepora galaxea ; *aggregata ; stellis subcon-
fertis , impressis ; parietibus crassis , planiusculis ,
subdistinctis; lamellis tenuissimis ; centris subexesis ;
Sol. et Ellis , p. 168 , n. 67.*

— *Gmel. Syst. nat. p. 3765 , n. 39.*

Astrée galaxée ; *de Lam. Anim. sans vert. tom. 2 ,
p. 267, n. 31.*

Océan indien, sur le *Voluta turbinellus* de Linné,
Lamarck.

Océan des Antilles , sur le *Strombus gigas*
de Linné.

Nota. Ellis , Gmelin n'indiquent point l'habitation de
ce polypier : je l'ai reçu de M. Lelievre, négociant à
Caen ; il l'avait rapporté de la Martinique.

ORDRE SEIZIÈME.

MADRÉPOREES.

Étoiles ou cellules circonscrites répandues sur
toutes les surfaces libres du polypier.

PORITE. *PORITES.*

Polypier pierreux , rameux ou lobé et obtus ;
surface libre , partout stellifère ; étoiles régulières , subcontiguës , superficielles ou excavées ;
bords imparfaits ou nuls ; lames filamenteuses ,
acéreuses ou cuspidées ; *de Lam. Anim. sans vert.
tom. 2 , p. 267.*

Madrepora ; *auctorum.*

P. RÉTICULÉ. *P. reticulata.*

Tab. 54, fig. 3, 4, 5.

P. simple , convexe , subglobuleux ; étoiles anguleuses à parois poreuses subosculées , formant
par leur réunion une surface réticulée semblable
à celle d'un gâteau d'abeille.

Madrepora retepora ; *aggregata ; stellis angulatis ; lamellis filamentosis ; parietibus reticulatis
denticulatis; Sol. et Ellis , p. 166 , n. 58.*

— *Gmel. Syst. nat. p. 3770 , n. 65.*

— *de Lam. Anim. sans vert. tom. 2, p. 269,
n. 1.*

Habitation inconnue.

P. CONGLOMÉRÉ. *P. conglomerata.*

Tab. 41, fig. 4.

P. mameloné, arrondi ; mamelons agglomérés ,
plus ou moins alongés , simples , lobés ou ra-

meux ; étoiles petites , anguleuses , excavées , contiguës et en réseau.

P. glomerata , globoso - gibbosa , sublobata ; stellis parvis , angulatis , contiguis , aceroso-scabris ; de Lam. Anim. sans vert. tom. 2 *, p.* 269 *, n.* 2 *:*

— *Sol. et Ellis , absque descriptione.*

Madrepora conglomerata ; *Esper , Zooph. Suppl.* 1 *, tab.* 59. == 1 *, tab.* 59 *A.*

Océan américain.

P. CLAVAIRE. *P. clavaria.*
Tab. 47, fig. 1, 2.

P. polymorphe , dichotome ou rameux ; rameaux quelquefois grêles et assez longs, ordinairement très - courts gros et larges, en forme de massue ou de tubérosités ; étoiles larges, presque planes, contiguës, non saillantes.

Madrepora porites ; ramulosa ; ramis clavato-complanatis , stellis contiguis (lamellarum loco) cuspidato - tuberculatis ; Sol. et Ellis , p. 172 *, n.* 77.

— *Pall. Elench. p.* 324 *, n.* 192.

— *Gmel. Syst. nat. p.* 3774 *, n.* 87.

— *Esper, Zooph.* 1 *, tab.* 21.

Porite clavaire ; *de Lam. Anim. sans vert. tom.* 2 *, p.* 270 *, n.* 5.

Mers d'Amérique et de l'Inde.

P. ROSACÉ. *P. rosacea.*
Tab. 52.

P. contourné , presque en forme d'entonnoir, composé de lobes foliacés, ayant quelques rapports avec les pétales d'une Malvacée (1) épanouie ; étoiles petites entourées d'un anneau verruqueux ; interstices hérissés de tubercules plus ou moins gros.

Madrepora foliosa ; aggregata , foliacea , subexplanata ; ambulacris supernè confragosis , verrucu-

(1) M. de Lamarck dit, *rosæ instar lobis foliaceis composita.*

losis ; infernè planiusculis , stellis aqualibus , parvis ; Sol. et Ellis , p. 164 *, n.* 50.

— *Pall. Elench. p.* 333 *, n.* 196.

— *Gmel. Syst. nat. p.* 3766 *, n.* 48.

— *Esper, Zooph.* 1 *, tab.* 58 *A* , et *tab.* 58 *B.*

Porite rosacé ; *de Lam. Anim. sans vert. tom.* 2 *, p.* 272 *, n.* 15.

Océan indien.

Nota. M. de Lamarck considère la figure donnée par Ellis comme une variété douteuse de ce polypier ; il ajoute qu'elle ne paraît pas appartenir à la même espèce que le *Madrepora foliosa* de Pallas qu'il ne cite point parmi les synonymes de son *Porites rosacea.* Après avoir lu attentivement les descriptions des auteurs , les avoir comparées ensemble ainsi que les figures, je suis porté à croire que les différences indiquées par M. de Lamarck ne peuvent caractériser ni une espèce, ni même une variété.

Il ne faut pas confondre le *Porites rosacea* avec le *Madrepora rosacea* de Gmelin et d'Esper.

SÉRIATOPORE. *SERIATOPORA.*

Polypier pierreux, rameux ; rameaux grêles, subcylindriques ; cellules perforées, lamelleuses et comme ciliées sur les bords, disposées latéralement par séries, soit transverses, soit longitudinales ; *de Lam. Anim. sans vert. tom.* 2 *, p.* 282.

Madrepora ; *Pallas , Ellis ,* etc.

Millepora ; *Esper.*

S. PIQUANT. *S. subulata.*
Vulg. *le Buisson épineux.*
Tab. 31, fig. 1, 2.

S. très-rameux ; rameaux diffus, cylindriques, subulés ; étoiles en séries longitudinales ; bords proéminents et ciliés.

Madrepora seriata ; ramulosa ; ramis attenuatis , acuminatis ; stellis longitudinaliter seriatis ; margine superiore porrecto , fornicato , ciliato ; Sol. et Ellis , p. 171 *, n.* 75.

— *Pall. Elench. p.* 336 *, n.* 198.

— *Gmel. Syst. nat. p.* 3780 *, n.* 102.

Millepora lineata ; *Esper, Zooph. Suppl.* 1, *tab.* 19.

Sériatopore piquant ; *de Lam. Anim. sans vert. tom.* 2, *p.* 282, *n.* 1.

Océan indien.

———

POCILLOPORE. *POCILLOPORA.*

Polypier pierreux, phytoïde, rameux ou lobé ; surface garnie de tous côtés de cellules enfoncées, avec les interstices poreux ; cellules éparses, distinctes, creusées en fossettes, à bord rarement en saillie et à étoiles peu apparentes, leurs lames étant étroites et presque nulles ; *de Lam. Anim. sans vert. tom.* 2, *p.* 273.

P. BLEU. *P. cærulea.*
Tab. 12, fig. 4. ═ Tab. 56, fig. 1, 2, 3.

P. comprimé, frondescent, divisé en lobes droits et aplatis, grisâtres extérieurement, bleus intérieurement ; cellules éparses, cylindriques, à parois striées par des lames étroites.

Millepora cærulea ; *plana, scabra, laminis crassis variè tortuosis subdivisa ; apicibus sæpè lobatis, porisque substellatis cylindricis utrinquè instructis ; Sol. et Ellis, p.* 142, *n.* 20.

— *Pall. Elench. p.* 256, *n.* 158.

— *Gmel. Syst. nat. p.* 3783, *n.* 2.

Madrepora interstincta ; *aggregata ; stellis cylindraceis profundis distinctis, interstitiis porosis ; corallio subexplanato duplicato ; Sol. et Ellis, p.* 167, *n.* 60.

— *Gmel. Syst. nat. p.* 3766, *n.* 46.

— *Esper, Zooph. Suppl.* 1, *tab.* 32.

Pocillopore bleu ; *de Lam. Anim. sans vert. tom.* 2, *p.* 276, *n.* 7.

Océan des Indes, *Ellis, Pallas* ; Antilles, *Petiver* ; Norwège, *Muller.*

Nota. Gmelin dans le *Systema naturæ* fait mention du *Madrepora interstincta*, et du *Millepora cærulea*, chacun dans leur genre respectif, et leur applique les mêmes synonymes de Pallas et de Petiver.

J'ai reçu de M. de France, docteur en médecine, amateur distingué de l'horticulture, un beau polypier de couleur bleue qui ne peut appartenir qu'à cette espèce ; il l'a rapporté de Saint-Domingue.

P. CORNE DE DAIM. *P. damicornis.*
Vulg. *le Choufleur.*

P. très-rameux ; rameaux presque tortueux, un peu épais, avec des divisions variées, courtes, obtuses, preque dilatées.

P. ramosissima ; ramis subtortuosis, crassiusculis, variè divisis ; ramulis brevibus, obtusis, subdilatatis ; de Lam. Anim. sans vert. tom. 2, *p.* 274, *n.* 2.

Madrepora damicornis ; *Pall. Elench. p.* 334, *var. B.*

— *Gmel. Syst. nat. p.* 3775, *n.* 89.

Océan indien.

———

MADRÉPORE. *MADREPORA.*

Polypier pierreux, subdendroïde, rameux ; surface garnie de tous côtés de cellules saillantes, à interstices poreux ; cellules éparses, distinctes, cylindracées, tubuleuses, saillantes ; étoiles presque nulles, à lames très-étroites ; *Linné.*

M. PALMÉ. *M. palmata.*
Vulg. *le Char de Neptune.*

M. expansions aplaties, muriquées des deux côtés, convolutées à leur base, profondément divisées, laciniées, presque palmées.

M. latissima, complanata, basi convoluta, profundè divisa, utrinquè muricata ; ramis laciniato-palmatis ; de Lam. Anim. sans vert. tom. 2, *p.* 278, *n.* 1.

— *Sloan. Jam. Hist.* 1, *tab.* 17, *f.* 3.

— *Seba, Thes.* 3, *tab.* 113.

Madrepora muricata, *var.* ; *Esper, Zooph. Suppl.* 1, *tab.* 51 *et tab.* 83.

Océan américain équatoréal.

M. ABROTANOÏDE. *M. abrotanoïdes.*

Tab. 57.

M. droit, rameux; rameaux épais, droits, pyramidaux, chargés de ramuscules latéraux, courts, épars, hérissés de papilles tubuleuses; étoiles sessiles ou superficielles assez nombreuses.

Madrepora muricata; *ramulosa; ramulis attenuatis; stellis prominentibus, cylindraceis, obliquè truncatis; Sol. et Ellis, p.* 171, *n.* 76.

Madrépore abrotanoïde; *de Lam. Anim. sans vert. tom.* 2, *p.* 280, *n.* 7.

Océan indien.

Nota. Cette espèce faisait partie de celles que Linné, Pallas, Ellis, Esper et Gmelin avaient réunies sous le nom de *Madrepora muricata*, et dont M. de Lamarck a composé son genre Madrépore. Il paraît que c'est à lui qu'appartiennent ces énormes masses madréporiques semblables à des montagnes, qui forment les ressifs immenses, les îles innombrables et les vastes archipels de l'Océan pacifique équinoxial. Chaque jour ces êtres singuliers, par l'accroissement non interrompu de leur masse, ferment les rades, encombrent les ports, en forment de nouveaux, et élèvent des profondeurs de l'Océan à sa surface des écueils et des ressifs, dans des lieux où la mer offrait jadis une navigation libre et sans danger. Les naturalistes qui en font mention rapportent ce polypier au *Madrepora muricata* de Linné; cependant on ignore encore si plusieurs espèces offrent ce phénomène extraordinaire de croissance, ou bien s'il n'y en a qu'une seule. Sans doute que des observations nouvelles éclairciront bientôt ce point intéressant de l'étude des polypiers.

OCULINE. *OCULINA.*

Polypier pierreux, dendroïde; rameaux lisses, épars la plupart très-courts; cellules en étoiles terminales ou latérales et superficielles; *de Lam. Anim. sans vert. tom.* 2, *p.* 283.

Madrepora; *auctorum.*

Nota. En plaçant les Oculines à la suite du genre *Madrepora*, j'ai suivi l'opinion de M. de Lamarck: il a bien reconnu leur analogie avec les Caryophyllies, ainsi que les différences remarquables qui les caractérisent, et qui l'ont décidé à mettre les Oculines avec les Madrépores; cependant je ne serai pas étonné que les animaux de ces beaux polypiers n'aient entre eux beaucoup plus de rapports que n'en présentent leurs brillantes habitations.

O. VIERGE. *O. virginea.*

Tab. 36.

O. très-rameuse, presque dichotome, d'un blanc de lait; rameaux tortueux anastomosés; étoiles éparses, peu ou point saillantes; lames renfermées dans l'intérieur de l'étoile.

Madrepora virginea; *fruticulosa, subdichotoma, ramosissima; ramis tortuosis coalescentibus, stellis sparsis prominulis; Sol. et Ellis, p.* 154, *n.* 13.

— *Gmel. Syst. nat. p.* 3779, *n.* 95.

— *Pall. Elench. p.* 310, *n.* 180.

Oculine vierge; *de Lam. Anim. sans vert. tom.* 2, *p.* 285, *n.* 1.

Norwège, *Muller;* Amérique, *Petiver, Pallas,* etc.; Méditerranée, *Pallas, Imperati, Marsilli;* Océan des deux Indes, *Lamarck.*

Observ. M. de Lamarck a réuni le *Madrepora oculata* de Pallas, d'Ellis et de Gmelin au *Madrepora virginea;* il est difficile de décider s'il a bien ou mal fait, sans avoir ces polypiers recueillis dans les différentes parties du Monde, ainsi que les ouvrages qui en font mention, afin de pouvoir examiner et comparer. Malgré la tendance que j'ai à suivre l'opinion de M. de Lamarck, qui se trouve si à portée de consulter la riche Bibliothèque et l'immense collection du Jardin des Plantes, malgré mes doutes, je crois devoir séparer le *Madrepora oculata* du *Madrepora virginea,* à cause des différences que présentent les descriptions des auteurs.

Nota. J'ai reçu de M. de Lalauzière, amateur zélé, des sciences naturelles, habitant les environs de Marseille, beaucoup de productions marines de la Méditerranée, parmi lesquelles s'est trouvé un très-bel échantillon de l'Oculine vierge, telle qu'Ellis l'a figurée.

O. HÉRISSÉE. *O. hirtella.*

Tab. 37.

O. très-rameuse, dichotome, diffuse; toutes les étoiles proéminentes, échinulées; lamelles saillantes.

Madrepora hirtella; *fruticulosa, subdichotoma; ramis divaricatis; stellis subdistichis prominentibus; lamellis exsertis inæqualibus, centro convexo exeso; Sol. et Ellis, p.* 155, *n.* 16.

— *Gmel. Syst. nat. p.* 3779, *n.* 97.

— *Pall. Elench. p.* 313, *n.* 182.

— *Esper, Zooph.* 1, *tab.* 14.

Oculine hirtelle ; *de Lam. Anim. sans vert. tom. 2 , p. 285, n. 2.*

Océan indien.

O. AXILLAIRE. *O. axillaris.*
Tab. 13, fig. 5.

O. rameuse ou dichotome ; rameaux courts, divergents et distincts ; étoiles terminales ou axillaires, ces dernières comprimées ; lames renflées.

Madrepora axillaris ; dichotoma ; ramis distinctis , divaricatis ; stellis terminalibus turbinatis , axillaribus compressis ; centris dilatatis exesis ; Sol. et Ellis , p. 153 , n. 11.

Oculine axillaire ; *de Lam. Anim. sans vert. tom. 2 , p. 286 , n. 4.*

Océan indien.

Nota. M. de Lamarck cite avec un point de doute la pl. 87, fig. 3 de *Rumph. Herb. amb.*, rapportée par Gmelin et Pallas au *Madrepora caryophyllites* du dernier auteur.

O. PROLIFÈRE. *O. prolifera.*
Tab. 32, fig. 2.

O. rameuse, coalescente ; étoiles turbinées, axillaires ou terminales, prolifères sur une partie de leur bord.

O. ramosa , subdichotoma ; stellis turbinatis , margine proliferis ; de Lam. Anim. sans vert. tom. 2, p. 286, n. 5.

— *Pall. Elench. p. 307, n. 178.*

— *Gmel. Syst. nat. p. 3780, n. 101.*

— *Esper, Zooph. 1 , tab. XI.*

Norwège, *Pallas.*

Nota. Solander n'a trouvé aucune explication de la planche 32 dans les papiers d'Ellis , il dit seulement que les fig. 3 — 8 sont copiées des *Transactions philosophiques , pl. 4 , tom.* 47.

M. de Lamarck rapporte à son Oculine prolifère , la fig. 2, pl. 32 d'Ellis , et donne comme synonymes Linné et Pallas. Ce dernier réunit à la même espèce les *Madrepora turbinata* et *pertusa* du Pline du Nord.

STYLINE. *STYLINA.*

Polypier pierreux formant des masses simples, hérissées en dessus ; tubes nombreux, cylindriques,

fasciculés , réunis, contenant des lames rayonnantes autour d'un axe solide ; axe styliforme saillant hors des tubes ; *de Lam. Anim. sans-vert. tom. 2 , p. 220.*

Nota. Ce genre , quoique très voisin des Tubiporées, ne peut leur appartenir à cause des lames rayonnantes que les tubes renferment.

ST. ÉCHINULÉE. *St. echinulata.*

St. en masse épaisse, dense, composée de tubes verticaux et parallèles.

St. crassa , fasciculata , sessilis , supernè stylis truncatis echinata ; de Lam. Anim. sans vert. tom. 2, p. 221 , n. 1.

Australasie.

SARCINULE. *SARCINULA.*

Polypier pierreux formant une masse simple et épaisse, composée de tubes réunis ; tubes nombreux, cylindriques, parallèles, verticaux, réunis en faisceau par des cloisons intermédiaires et transverses ; lames rayonnantes, étroites et longitudinales dans l'intérieur des tubes ; *de Lam. Anim. sans vert. tom. 2 , p. 222.*

Madrepora ; auctorum.

S. PERFORÉE. *S. perforata.*

S. masses pierreuses, aplaties, un peu épaisses, formées par l'aggrégation de quantité de tubes droits, parallèles, presque contigus, à interstices pleins sans interruption.

S. tubis in massam planulatam aggregatis , erectis , utrinquè perforatis ; internâ pariete lamelloso-striatâ ; de Lam. Anim. sans vert. tom. 2, p. 223 , n. 1.

Mers de l'Australasie.

S. ORGUE. *S. organum.*

S. tubes verticaux rangés comme des tuyaux d'orgue, réunis en masses larges et épaisses par une matière celluleuse disposée en cloisons transverses ; lames longitudinales dans les tubes,

présentant

présentant quelquefois à leurs extrémités des étoiles lamelleuses complètes.

Madrepora organum ; *coralliis cylindricis, lævibus, distantibus combinatis ; membranis deflexis ; Linn. Amœn. acad.* 1, *p.* 96, *tab.* 4, *f.* VI.

— *Forsk. Fn. ægypt. ar. p.* 134, *n.* 11.

Sarcinule orgue ; *de Lam. Anim. sans vert.* tom. 2, *p.* 223, *n.* 2.

Mer Rouge ; fossile sur les côtes de la mer Baltique. Environs de Périgueux, Jouanet.

TROISIÈME SECTION.

POLYPIERS TUBULÉS.

Polypiers pierreux formés de tubes distincts et parallèles, à parois internes lisses.

ORDRE DIX-SEPTIÈME.

TUBIPORÉES.

Polypiers composés de tubes parallèles, en général droits, cylindriques et quelquefois anguleux, plus ou moins réguliers, réunis et accolés dans toute leur longueur, ou ne communiquant entre eux que par des cloisons externes et transversales.

MICROSOLÈNE. *MICROSOLENA.*

Polypier fossile, pierreux, en masse informe, composé de tubes capillaires, cylindriques, rarement comprimés, parallèles et rapprochés, communiquant entre eux par des ouvertures latérales, situées à des distances égales les unes des autres, et presque du même diamètre que les tubes.

M. POREUSE. *M. porosa.*

Tab. 74, fig. 24, 25, 26.

M. tubes épars dans la masse, quelquefois un peu rayonnants.

M. tubulis capillaribus, teretibus vel subcompressis, sparsis seu radiatis, inter se consociatis ; oribus lateralibus.

Terrain à polypiers des environs de Caen.

Trouvé par M. E. Deslongchamp, docteur en médecine à Caen.

CATÉNIPORE. *CATENIPORA.*

Polypier pierreux composé de tubes parallèles, insérés dans l'épaisseur de lames verticales, anastomosées en réseau ; *de Lam. Anim. sans vert.* tom. 2, *p.* 206.

Tubipora ; *Gmelin.*

Millepora ; *Linné.*

C. ESCHAROÏDE. *C. escharoïdes.*

C. tubes longs, presque comprimés, insérés dans des lames verticales.

C. tubulis longis, parallelis, seriatis, subdepressis, in laminas anastomosantes connexis ; osculis ovalibus ; de Lam. Anim. sans vert. tom. 2, *p.* 207, *n.* 1.

Millepora catenulata ; *Linn. Amœn. acad.* 1, *p.* 103, *tab.* 4, *f.* 20.

Tubipora catenulata ; *Gmel. Syst. nat. p.* 3753, *n.* 2.

— *Knorr, Petr.* 2, *tab.* F IX ; *f.* 1, 2, 3, 4.

— *Parkins, Foss.* tom. 2, *tab.* 3, *f.* 4, 5, 6. — *Suppl. tab.* VI, *a, f.* 1, 2.

Fossile des rivages de la mer Baltique.

Nota. La tab. F IX, fig. 4 de Knorr, représente une autre Caténipore beaucoup plus grande que l'Escharoïde : elle doit former une espèce distincte ; je l'ai nommée *Catenipora tubulosa*, à cause des tubes bien distincts qui forment les parois des cavités.

C. AXILLAIRE. *C. axillaris.*

C. tubes très-courts, droits, cylindriques, distants et subaxillaires.

C. tubulis cylindricis, erectis, brevissimis, distantibus, subaxillaribus; de Lam. Anim. sans vert. tom. 2, p. 207, n. 2.

Millepora..... *Linn. Amœn. acad.* 1, *p.* 105, *tab.* 4, *f.* 26.

— *Knorr, Suppl. p.* 157, *tab.* VI*, *f.* 1.

Fossile des rivages de la mer Baltique.

Nota. Gmelin que je n'ai pas cru devoir citer, a singulièrement embrouillé la synonymie de ce polypier figuré par Linné, et du *Tubulipora transversa* de M. de Lamarck qui en diffère beaucoup; il décrit dans le *Systema natura* le *Millepora tubulosa* d'Ellis, le *Millepora liliacea* de Pallas et le *Tubipora serpens,* tantôt comme des espèces distinctes, tantôt comme des synonymes qu'il répète même dans plusieurs articles. Le *Catenipora axillaris* n'a été bien figuré que par Linné dans ses *Amœnitates.*

FAVOSITE. *FAVOSITES.*

Polypier pierreux, simple, de forme variable et composé de tubes parallèles, prismatiques, disposés en faisceau; tubes contigus, pentagones ou hexagones, plus ou moins réguliers, rarement articulés; *de Lam. Anim. sans vert. tom.* 2, *p.* 204.

Corallium; *Linné.*

Madrepora; *Esper.*

F. ALVÉOLÉE. *F. alveolata.*

F. masse turbinée et comme tronquée au sommet; surface supérieure couverte de cellules pentagones ou hexagones, inégales et presque contiguës.

F. turbinata, irregularis, extùs transversè sulcata; tubulis majusculis subhexagonis; pariete internâ striatâ; de Lam. Anim, sans vert. tom. 2, *p.* 205, *n.* 1.

Madrepora truncata; *Esper, Zooph. Suppl.* 2, *tab.* 4.

Se trouve fossile.....

Nota. Le polypier que M. de Lamarck a décrit sous le nom de *Favosite alvéolée* mérite de faire un genre particulier, bien distinct de la Favosite de Gothland, et très-voisin des Microsolènes.

F. DE GOTHLAND. *F. Gothlandica.*

F. tubes anguleux ou prismatiques, parallèles, divisés par des cloisons transverses.

F. prismis solidis, hexaedris, parallelis, contiguis; de Lam. Anim. sans vert. tom. 2, *p.* 206, *n.* 2.

Corallium gothlandicum; *Linn. Amœn. acad.* 1, *p.* 106, *tab.* 4, *fig.* 27. (*Bona.*)

Se trouve fossile dans l'île de Gothland.

F. COMMUNE. *F. communis.*

Tab. 75, fig. 1, 2.

F. tubes anguleux en général irréguliers, rarement très-réguliers et hexagones.

F. prismis irregularibus, rariter hexagonis regularibusque.

Fossile.....

Nota. Ce polypier que j'ai reçu de M. de France diffère du précédent que j'ai vu bien conservé dans la collection de M. Brogniart; j'ai cru devoir en faire une espèce distincte : elle est commune dans les collections.

TUBIPORE. *TUBIPORA.*

Polypier pierreux, composé de tubes articulés, cylindriques, droits, parallèles, séparés entre eux, communiquant les uns aux autres par des cloisons externes, transverses, rayonnantes et poreuses qui les réunissent.

T. MUSICAL. *T. musica.*

Vulg. orgue de mer.

Tab. 27.

T. tubes cylindriques, parallèles, cloisonnés de distance en distance, distincts quoique réunis par des cloisons extérieures.

T. ruberrima; septis transversis tubos perpendiculares connectentibus; Sol. et Ellis , p. 144 , n. 1.

— *Gmel. Syst. nat. p. 3753 , n. 1.*

T. purpurea; Pall. Elench. p. 339 , n. 199.

Tubipore pourpre; *de Lam. Anim. sans vert. tom. 2 , p. 209 , n. 1.*

Océan indien.

Nota. Tous les naturalistes regardent le *Tubipora musica* comme un polypier, et classent parmi les polypes les animaux qui les construisent. Je crois ne devoir adopter que provisoirement l'opinion des auteurs qui m'ont précédé , à cause de la grande différence qui existe entre les polypiers en général et l'Orgue de mer. Cette production marine me semble plus voisine des Serpules et des Sabellaires (1) que de tout autre genre, non - seulement d'après la forme de la coquille , mais

_____

(1) J'ai trouvé sur les côtes du Calvados une Sabellaire qui forme des masses considérables, des espèces de roches dont les bords sont coupés à pic , et qui ont une hauteur verticale quelquefois de plus de vingt pieds ; ces roches découvrent dans les pleines et nouvelles lunes. Ce phénomène rappelle celui dont Peron donne la description dons son *Voyage aux Terres australes* , tome II , page 82.

« Sur divers points de la baie Bougainville , dit cet
» auteur, on observait avec admiration des masses très-
» volumineuses d'une espèce de roche calcaire , entiè-
» rement formée d'un nombre prodigieux de Serpules
» entrelacées ensemble. Ceux de ces animaux qui oc-
» cupaient la surface de chaque groupe étaient seuls
» vivants ; tous les autres étouffés sans doute par le dé-
» veloppement successif de leurs propres rejetons étaient
» morts depuis une époque plus ou moins ancienne ;
» mais leurs tubes conservaient encore leur première
» solidité. De tous les vers testacés que j'ai pu voir ,
» aucun ne m'a paru se rapprocher autant des Litho-
» phites tubuleux, et c'est d'après cette considération
» que j'ai cru pouvoir désigner l'animal dont il s'agit
» sous le nom de *Serpule lithogène.* »

Cette description convient parfaitement à ce que j'ai observé sur les côtes du Calvados , entre les deux villages d'Arromanches et de Port-en-Bessin ; ce n'est pas le seul point de ressemblance qui existe entre les productions marines de la Nouvelle-Hollande et de l'Europe. Beaucoup de Thalassiophytes de ces pays éloignés présentent la plus grande analogie , et des auteurs ont indiqué , à tort il est vrai, les mêmes espèces sur les côtes de France ou d'Angleterre , et dans les parages si dangereux de la Nouvelle-Hollande ; les végétaux de la mer comme ceux de la terre , comme les animaux qui peuplent et animent la brillante scène de notre atmosphère, sont soumis à des lois invariables que Peron a le premier établies : il n'est pas inutile de les citer.

« Il n'est pas une seule espèce d'animaux bien connus

même d'après le peu que Peron dit de ces animaux dans son *Voyage aux Terres australes.*

M. Cuvier, dans son savant ouvrage sur le Règne animal , distribué d'après son organisation , a réuni au genre *Tubipora* les Caténipores et les Favosites de M. de Lamarck.

TROISIÈME DIVISION.

POLYPIERS SARCOÏDES PLUS OU MOINS IRRITABLES ET SANS AXE CENTRAL.

Polypes dans des cellules situées à la surface d'une masse plus ou moins charnue , entièrement animée.

Nota. Plusieurs naturalistes , principalement M. de Savigny, se sont occupés des Alcyons de Linné , les ont étudiés sous plusieurs rapports et ont proposé quelques divisions dans ce groupe nombreux. Les uns n'étudiant que des individus desséchés, les autres ne pouvant observer qu'un petit nombre d'espèces , il en est résulté un peu de confusion dans la classification de ces êtres. Ayant examiné beaucoup de polypiers sarcoïdes dans différens états , je me suis assuré que tous présentaient le caractère essentiel de former dans l'état vivant une masse charnue commune , plus ou moins irritable, plus ou moins contractile, avec des polypes variant de forme , de grandeur, etc. Morts et desséchés , les polypiers sarcoïdes n'ont plus le même aspect : ils deviennent fibreux ou spongieux, varient par la consistance et la direction des fibres ; les cellules polypeuses s'oblitèrent, les polypes disparaissent, les couleurs changent ; enfin tous les caractères semblent s'effacer ; mais le zoologiste , éclairé par l'expérience, doit retrouver dans ces débris des analogies , des rapports , qu'il est impossible de reconnaître à moins que l'on n'ait observé les Alcyons dans tous les états. Guidé par ces principes , je propose une nouvelle division des polypiers sarcoïdes fondée sur la situation des polypes , le nombre de leurs tentacules , et sur la forme bien prononcée et constante du polypier lorsque les polypes sont inconnus. Je laisse provisoirement dans le genre Alcyon tous ceux qui ne présentent ni polypes ni forme particulière distinctive.

_____

» qui véritable cosmopolite soit indistinctement propre
» à toutes les parties du globe.

» Les animaux originaires des pays froids ne sauraient
» s'avancer impunément jusqu'au milieu des zônes
» brûlantes.

» Les animaux de ces derniers climats ne paraissent
» pas plus destinés à vivre dans les pays froids. » *Peron, Voyage aux Terres australes* , tome II.

J'ai fait connaître mon opinion sur l'organisation des polypes en décrivant ceux de l'*Alcyonium lobatum*, page 328 de mon Histoire des polypiers coralligènes flexibles, et en les figurant planche 13 du même ouvrage.

Je n'ai pas cru devoir conserver le genre *Thetia* de M. de Lamarck, parce qu'il l'a établi sur des individus desséchés et non sur la nature vivante. La plupart de ces Théties sont des Alcyonées, mais sont-elles toutes des Alcyons ? La forme des polypes et le nombre de leurs tentacules peut seul en décider. Il en est de même des Géodies.

Je crois devoir terminer cette note déjà trop étendue pour le genre de cet ouvrage , et beaucoup trop courte pour renfermer une analyse de l'Histoire des polypiers sarcoïdes.

ORDRE DIX-HUITIÈME.

ALCYONÉES.

Polypes à huit tentacules au moins, ou inconnus.

Nota. Les polypes des Alcyonées ont leurs tentacules souvent pectinés ou plutôt garnis de papilles quelquefois de deux sortes différentes. Ils sont plus ou moins rétractiles ; mais comme leur contractilité varie suivant l'âge, les saisons et même suivant la force de l'individu , ce caractère ne peut servir à distinguer les espèces, encore moins les genres.

ALCYON. *ALCYONIUM.*

Polypier polymorphe, en masse poreuse ou cellulaire , épaisse , étalée ou ramifiée, quelquefois lobée , d'autres fois en forme de croûte ; substance intérieure spongieuse ou subéreuse, entourée d'un tissu tubulé dur et coriace.

Nota. Les caractères de ce genre sont très-vagues , il était impossible d'en trouver d'autres ; à mesure que les naturalistes observeront ces polypiers , ils en décriront les animaux, ils les placeront dans leurs genres respectifs, ou bien ils en établiront de nouveaux. Ainsi le genre Alcyon ne peut être maintenant considéré que comme un groupe d'êtres à peine connus.

A. CONCOMBRE. *A. cucumiforme.*

Tab. 76, fig. 1.

A. fossile, simple, en forme de Concombre; pores épars peu distincts.

A. fossile, simplice, cucumiforme ; poris sparsis subdistinctis.

Terrain à polypiers des environs de Caen.

A. PLEXAURÉE. *A. plexaureum.*

Tab. 76, fig. 2, 3, 4.

A. dendroïde ? rameaux cylindriques , très-alongés , obtus ; pores ou cellules arrondis, écartés, profonds ; même substance dans tout le polypier composée de petits corps velus et fusiformes ; couleur violet clair et vif ; grandeur.......; diamètre des rameaux , environ un centimètre.

A. dendroïdeum ; ramis teretibus , elongatis , obtusis ; cellulis rotundatis , distantibus.

Port de la Havane.

Nota. J'ai trouvé ce fragment d'Alcyon mêlé avec d'autres polypiers rapportés de la Havane par le capitaine Thomassi. Il ressemble parfaitement à une Plexaure sans axe ; ce caractère et son organisation l'éloignent des Gorgoniées Je le place parmi les Alcyons en attendant que les polypes soient connus.

A. CRIBLE. *A. cribrarium.*

A. en masse demi-ovoïde ou grossièrement sphérique , enveloppant des huîtres ou des roches, criblée d'oscules non saillants, les uns très-grands, ressemblants à des lacunes , les autres plus petits, terminés par des cellules tubuleuses ; presque point irritable quoique animé dans toute son étendue ; couleur d'un beau jaune citron, se changeant en gris cendré plus ou moins foncé par la dessication ; grandeur, 2 à 3 décimètres , sur 1 à 2 décimètres de hauteur et de largeur.

A. latè incrustans , coriaceum , subalbidum ; osculis crebris , distinctis subdifformibus ; de Lam. Anim. sans vert. tom. 2 , p. 394, n. 7.

— *Lam. Hist. polyp. p.* 341 , *n.* 474.

Côtes du Calvados, dans les filets des pêcheurs.

Nota. Ce polypier, décrit pour la première fois par M. de Lamarck qui en ignorait l'habitation , doit former un genre particulier : les polypes ne me sont pas encore assez connus pour en donner les caractères.

LOBULAIRE. *LOBULARIA.*

Polypier en masse élevée sur sa base, simple ou muni de lobes variés ; polypes épars, cylindriques, rétractiles, à huit tentacules ; *de Lam. Anim. sans vert. tom.* 2 , *p.* 412.

Alcyonium ; *auctorum.*

L. DIGITÉE. *L. digitata.*

Tab. 1 , fig. 7 , et tab. 75 , fig. 1 — 8.

L. masse tubériforme, un peu rétrécie à sa base, terminée par des lobes digitiformes, obtus, dont le nombre varie.

Alcyonium digitatum ; *albidum, carnoso spongiosum, lobatum, osculis stellatis undiquè notatum ; Sol. et Ellis. pag.* 175 , *n.* 1.

— *Gmel. Syst. nat. pag.* 3812 , *n.* 5.

A. lobatum ; *Pall. Elench. pag.* 351 , *n.* 205.

— *Lam. Hist. polyp. pag.* 336 , *n.* 464 , *pl.* 12 , *fig.* 4 , *a. B.* — *pl.* 13 *et pl.* 14 , *fig.* 1 , *A. B.*

A. exos ; *Spix, Ann. du Mus. d'Hist. nat. tom.* 13 , *pag.* 451 , *tab.* 33 , *fig.* 8 — 14.

Lobulaire digitée ; *de Lam. Anim. sans vert. tom.* 2 , *pag.* 413 , *n.* 1.

Océan européen.

Nota. La couleur de ce polypier, très-commun sur les côtes de France, varie du blanc légèrement rosé au jaune orangé le plus foncé, sur lequel tranche de la manière la plus agréable la couleur blanche des polypes qui ne change presque jamais.

———————

AMMOTHÉE. *AMMOTHEA.*

Polypier se divisant en plusieurs tiges, courtes et rameuses ; derniers rameaux ramassés, ovales conoïdes, en forme de chatons, et partout couverts de polypes ; polypes non rétractiles, à corps un peu court ; huit tentacules pectinés sur les côtés. *de Lam. Anim. sans vert. tom.* 2 , *p.* 410.

— *Savigny.*

Alcyonium ; *Esper.*

A. VERDATRE. *A. virescens.*

A. tiges blanches, rameuses ; polypes d'une couleur verdâtre foncée.

A. caulibus albidis, exquisitè ramosis ; polypis fusco-virescentibus ; de Lam. Anim. sans vert. tom. 2 , *p.* 411 , *n.* 1.

— *Savigny, Mss. et fig.*

Côtes de la mer Rouge.

A. PHALLOÏDE. *A. phalloïdes.*

A. un peu caulescente et divisée supérieurement ; derniers rameaux courts, conglomérés, lobulés ; lobes presque globuleux.

A. substipitata, supernè divisa ; ramulis brevibus, conglomeratis, lobulatis ; lobulis subglobosis ; de Lam. Anim. sans vert. tom. 2 , *p.* 412 , *n.* 2.

Alcyonium spongiosum ; *Esper, Zooph. Suppl.* 2 , *tab.* 3.

Mers orientales.

Nota. Ce n'est que par conjecture que M. de Lamarck rapporte aux Ammothées l'Alcyonée figurée par Esper dans l'état de dessication.

———————

XENIE. *XENIA.*

Polypier commun produisant à la surface d'une base rampante des tiges un peu courtes, épaisses, nues, divisées à leur sommet ; rameaux courts polypifères à leur extrémité ; polypes non rétractiles, cylindriques, fasciculés, presque en ombelle et ramassés au sommet des rameaux en tetes globuleuses comme fleuries ; huit tentacules profondément pectinés ; *de Lam. Anim. sans vert. tom.* 2 , *p.* 409.

— *Savigny.*

Alcyonium ; *Esper.*

X. BLEUE. *X. cærulea.*

X. polypes bleus, situés aux extrémités des rameaux en ombelles légèrement étagées, rapprochées en tête arrondie, animée et toujours en mouvement.

X. *polypis cæruleis, umbellato-capitatis ; tentaculis longis, profundè pectinatis ; de Lam. Anim. sans vert. tom. 2, p.* 410, *n.* I.

X. umbellata ; *Savigny, Mss. et fig.*

Côtes de la mer Rouge.

X. POURPRE.   X. *purpurea.*

X. polypes de couleur pourpre, formant des faisceaux sphériques très-nombreux disposés en cyme ; rameaux comprimés divergents.

X. *polypis purpureis, cymosis ; fasciculis polyporum globosis, numerosissimis ; ramis compressis, divaricatis; de Lam. Anim. sans vert. tom.* 2, *p.* 410, *n.* 2.

Alcyonium floridum ; *Esper, Zooph. Suppl.* 2, *p.* 49, *tab.* 16.

Habite......

Nota. M. de Lamarck reunit cette espèce d'Alcyonée au genre Xénie, quoique M. Savigny n'en fasse point mention.

────────

ANTHÉLIE. *ANTHELIA.*

Polypier étendu en plaque mince presque aplatie sur les corps marins ; polypes non rétractiles, saillants, droits et serrés, occupant la surface du corps commun ; huit tentacules pectinés ; *de Lam. Anim. sans vert. tom.* 2, *p.* 407.

— *Savigny.*

A. GLAUQUE.   A. *glauca.*

A. polypes verdâtres, un peu renflés inférieurement ; bouche s'élevant souvent en pyramide octogone.

A. *polypis viridulis, infernè subventricosis ; de Lam. Anim. sans vert. tom.* 2, *p.* 408, *n.* I.

— *Savigny, Mss. et fig.*

Côtes de la mer Rouge.

Nota. M. de Lamarck présume que l'*Alcyonium rubrum, Mull. Zool. dan.* 3, *pag.* 2, *tab.* 82, *fig.* 1 — 4, est une espèce de ce genre.

M. Savigny connaît cinq espèces d'Anthélies ; il ne mentionne que l'Anthélie glauque dans son Mémoire.

────────

PALYTHOÉ. *PALYTHOA.*

Polypier en plaque étendue, couverte de mamelons nombreux, cylindriques, de plus d'un centimètre de hauteur, réunis entre eux ; cellules isolées, presque cloisonnées longitudinalement ; polype à douze tentacules ; *Lam. Hist. polyp. p.* 359.

Alcyonium ; *auctorum.*

P. ÉTOILÉE.   P. *stellata.*

Tab. 1, fig. 4, 5.

P. cellule polypifère à ouverture étoilée ; *Lam. Hist. polyp. p.* 361, *n.* 513, *pl.* 13, *f.* 2.

Alcyonium mammillosum; *albidum, coriaceum; mamillis convexis, centro cavo substellato coadunatis ; Sol. et Ellis, p.* 179, *n.* 5.

— *Gmel. Syst. nat. p.* 3815, *n.* 16.

Alcyon mamelonné ; *de Lam. Anim. sans vert. tom.* 2, *p.* 395, *n.* 9.

Côtes de la Jamaïque.

P. OCELLÉE.   P. *ocellata.*

Tab. 1, fig. 6.

P. mamelons rugueux ; ouverture des cellules radiée et étoilée ; *Lam. Hist. polyp. p.* 361, *n.* 514.

Alcyonium ocellatum; *ferrugineum, coriaceum; cellulis subcylindricis, rugosis ; apicibus radiatis et ocellatis ; Sol. et Ellis, p.* 180, *n.* 6.

— *Gmel. Syst. nat. p.* 3815, *n.* 17.

Alcyon ocellé; *de Lam. Anim. sans vert. tom.* 2, *p.* 395, *n.* 8.

Océan des Antilles.

ALCYONIDIE. *ALCYONIDIUM.*

Polypier en masse alongée, arrondie ou lobée, quelquefois pédiculée, polypifère sur toute sa surface; polypes transparents, à corps infundibuliforme, avec le bord émarginé, armé de douze tentacules égaux, longs et filiformes.

Alcyonium; *Muller, Pallas, Olivi,* etc.

Spongia; *Parkinson.*

Ulva; *Flora danica, Hudson, Decand.* etc.

Fucus; *Hudson.*

Nota. J'ai long-temps regardé les Alcyonidiées comme des plantes; je les ai même mentionnées comme telles dans mon Essai sur les Thalassiophytes non articulées; je ne doute pas maintenant que les *Alcyonidium nostoch, bullatum,* etc., ne soient de vrais polypiers appartenants au même groupe que l'*Alcyonidium diaphanum,* seule espèce dont on connaisse les polypes.

A. GÉLATINEUSE. *A. gelatinosum.*

A. polymorphe, verdâtre, pédiculée; pédicule cylindrique de la grosseur d'une plume de Corbeau et empaté; couleur verdâtre; grandeur, 1 à 3 décimètres.

A. intùs aquosum, pellucidum, nunc cylindricum, nunc compressum, irregulariter ramosum; polypis diaphanis infundibuliformibus, duodecim tentaculatis; Gmel. Syst. nat. p. 3814, n. 11.

Alcyonium gelatinosum; *Muller, Zool. dan. Prod.* 3082. — *Zool. dan. IV, p. 30, tab.* 147, *f.* 1 — 4.

— *Olivi, Zool. adr. p.* 240.

— *Brug. Encycl. p.* 22, *n.* 6.

Spongia; *Parkins, Th.* 1304.

Ulva diaphana; *Flor. dan. tab.* 1245?

Fucus gelatinosus; *Huds. Flor. angl.*

Alcyonidium diaphanum; *Lam. Gen. Thalass. p.* 71, *tab.* 7, *f.* 4.

Océan européen; Méditerranée, *Olivi.*

Nota. Je crois que les auteurs ont confondu plusieurs espèces ensemble; celle que nous trouvons sur les côtes du Calvados est la même que celle que Muller a figurée: elle diffère de l'*Ulva diaphana* de la *Flora danica,* que je ne cite qu'avec un point de doute.

ALCYONELLE. *ALCYONELLA.*

Polypier fixé encroûtant, à masse épaisse, convexe et irrégulière, constitué par une seule sorte de substance et composé de l'aggrégation de tubes verticaux, ouverts à leur sommet.

Polypes à corps alongé, cylindrique, offrant à leur extrémité supérieure quinze à vingt tentacules droits, disposés autour de la bouche en un cercle incomplet d'un côté; *de Lam. Anim. sans vert. tom.* 2, *p.* 100.

Nota. Je ne connaissais ce polypier que par la description qu'en avaient donnée Bruguière et M. de Lamarck; malgré son exactitude je ne pouvais me faire une idée bien précise de cette production animale; c'est ce qui m'avait engagé à la laisser provisoirement parmi les Alcyons, sous la dénomination d'*Alcyon fluviatile* que lui avait donnée Bruguière. Au commencement de 1820 je reçus la dernière partie des planches de l'Encyclopédie méthodique, relative aux vers, et je vis pour la première fois le dessin de l'Alcyonelle. En août de la même année je crois avoir trouvé ce polypier dans un étang qui s'est formé dans les éboulemens pittoresques des falaises de Marigni, entre Port-en-Bessin et Arromanches, mais en masses beaucoup plus petites que la figure ne les représente; il y est assez rare Fixé aux plantes des lacs comme certains Alcyons aux Thalassiophytes, il leur ressemble par tant de rapports que j'ai cru devoir placer ce singulier polypier dans l'ordre des Alcyonées, et non à côté des Eponges d'eau douce, comme l'a fait M. de Lamarck.

AL. DES ÉTANGS. *Al. stagnarum.*

Tab. 76, fig. 5, 6, 7, 8.

Al. en plaque ou en masses polymorphes; *de Lam. Anim. sans vert. tom.* 2, *p.* 102, *n.* 1.

Alcyonium fluviatile; *crustaceum, polymorphum, poris tubulosis pentagonis confertis; Brug. Encycl. p.* 24, *n* 10.

— *Bosc,* 3, *p.* 132.

— *Lam. Hist. polyp. p.* 354, *n.* 501.

Étangs et eaux de fontaine des environs de Paris, principalement à Bagnolet, *Brug. Bosc;* étang des falaises de Marigni, entre Port-en-Bessin et Arromanches? *Lam.*

Nota. Je ne peux assurer que l'Alcyonelle que j'ai trouvée soit la même que celle des environs de Paris; elle lui ressemble par la situation des tentacules. Faute de bons instrumens et de temps, je n'ai pu en déterminer le nombre: elle en diffère par la couleur et la grandeur.

HALLIRHOÉ. *HALLIRHOA.*

Polypier fossile, simple, pédicellé, en forme
de sphéroïde plus ou moins aplati, à surface unie
ou garnie de côtes latérales; un oscule rond et
profond au sommet et au centre; pores ou cellules épars sur tout le polypier.

Alcyon; *Guettard.*

Nota. Les Hallirhoés diffèrent de toutes les Alcyonées par leur forme singuliere et par l'oscule ou le trou
qui se trouve à leur sommet.

H. A CÔTES. *H. costata.*
Tab. 78, fig. 1.

H. en forme de sphéroïde aplati, garni latéralement de côtes très-saillantes, arrondies, étroites
à leur base, variant de 3 à 9 et même au-delà;
pédicelle cylindrique, gros et court; au sommet
et au centre, un oscule rond, profond, à sillons
rayonnants sur les bords; grandeur, 6 à 8 centimètres de hauteur sur 6 à 7 de diamètre.

*H. fossilis, simplex, pedicellata, spheroïdea,
verticaliter compressa, lateraliter costata; costis
prominentissimis, crassis, rotundatis, basi parùm
strictis; foramine terminali praealto rotundoque, marginibus diffissis.*

Alcyonium; *Guett. Mem. 3, pl. 6, f. 6, 7.*

Dans le banc de marne bleue, aux Vaches
noires, etc.

Nota. Ce polypier, ainsi que la plupart de ceux qui
se trouvent dans le banc de marne bleue du département du Calvados, est siliceux et non calcaire.

H. LYCOPERDOÏDE. *H. lycoperdoïdes.*
Tab. 78, fig. 2.

H. pédicelle long et cylindrique, supportant
une tête presque globuleuse; oscule à bords très-
entiers; pores épars sur toute la surface; grandeur, 1 à 3 centimètres.

*H. fossilis; pediculo elongato, terete; capite
subgloboso, inonarto; osculo marginibus integer-
rimis; poris sparsis.*

Terrain à polypiers des environs de Caen.

Nota. Malgré les différences de forme, de grandeur
et de localité qui existent entre ce polypier et l'*Hal-*

lirhoa costata, ils ne peuvent appartenir qu'au même
groupe, vu le caractère de l'oscule terminal et le facies des pores. La présence des côtes n'est pas un caractère générique, elles varient trop par leur nombre et
par leur élévation.

ORDRE DIX-NEUVIÈME.

POLYCLINÉES.

*Polypes à une ou deux ouvertures à six
divisions tentaculiformes.*

Nota. M. de Savigny réunit ces animaux aux mollusques sous le nom de *Téthyes composées*, et les sépare des
polypiers; je crois devoir les y replacer parce que
leur organisation me semble trop analogue à celle des
polypiers dont les animaux sont renfermés dans un
sac irritable comme celui de la Lobulaire digitée, et
de plusieurs polypiers corticifères.

N'ayant étudié ces animaux que dans l'ouvrage de
M. de Savigny, j'ai cru devoir le copier.

M. de Lamarck a composé sa quatrième classe de
plusieurs genres d'animaux qu'il réunit sous le nom de
Tuniciers; il les divise en deux ordres, *les Tuniciers
réunis* ou *botryllaires* et les *Tuniciers libres* ou *ascidiens.*
Le travail de M. de Lamarck ayant été fait d'après les
Mémoires de M. de Savigny et avant leur publication,
j'ai dû suivre ce dernier auteur.

DISTOME. *DISTOMA.*

Polypier à corps commun sessile, demi-cartilagineux, polymorphe, composé de plusieurs systèmes généralement circulaires; animaux disposés sur un ou sur deux rangs, à des distances
inégales de leur centre commun; orifice branchial s'ouvrant en six rayons réguliers et égaux;
l'anal de même; *Savigny, Mém. 2, part. 1,
p. 176.*

Alcyonium; *auctorum.*

Distomus; *Gærtn.*

D. ROUGE. *D. rubrum.*
Tab. 77, fig. 1.

Corps élevé en masse comprimée, d'un rouge
violet, à sommités particulières peu proéminentes,
ovales,

ovales, jaunâtres, éparses sur les deux faces, et groupées au nombre de 3 à 12 pour chaque système ; orifices un peu écartés, tous deux à rayons obtus, teints de pourpre ; grandeur, 12 à 15 centimètres ; épaisseur, 1 à 2 centimètres ; *Savigny, Mém. sur les Anim. sans vert.* 2, *part.* 1, *p.* 38, 62, 177, *pl.* 3, *fig.* 1, *et pl.* 13.

Alcyonium rubrum ; *pulposum, conicum plerumque ; Planc, Anch. min. not. edit.* 2, *p.* 113, *cap.* 28, *tab.* 10, *fig. B ; d.*

Mers d'Europe ; rare sur les côtes du département du Calvados, commun sur celles de la Manche.

D. VARIOLÉ. *D. variolosum.*

D. en plaque parsemée de tubercules rouges, percés de deux ouvertures.

Distomus variolosus ; *papillis sparsis, osculi subdentatis ; Gærtn. apud Pall.*

Alcyonium ascidioïdes ; *Pall. Spicil. Zool. fasc.* 10, *p.* 40, *tab.* 4, *f.* 7, *a, A.*

A. distomum ; *Brug. Encycl. p.* 23, *n.* 9.

— *Lam. Hist. polyp. p.* 352, *n.* 497.

Distome variolé ; *Savigny, Mém. sur les Anim. sans vert.* 2, *part.* 1, *p.* 3, 19, 26, 38, 89, 178, *n.* 2.

Sur la tige des grands Fucus et des Laminaires des mers d'Europe.

D. DE PALLAS. *D. Pallasii.*
Tab. 9, fig. 1, 2.

D. encroûtant, charnu, grenu, cendré ; cellules tuberculeuses ; bouche étoilée.

Alcyonium gorgonioïdes ; *cinereum, arenosocarnosum ; cellulis radiatis verruciformibus ; Sol. et Ellis, p.* 181, *n.* 8.

— *Gmel. Syst. nat. p.* 3815, *n.* 19.

Sertularia gorgonia ; *Pall. Elench. p.* 158, *n.* 100.

Alcyon épiphite ; *de Lam. Anim. sans vert. tom.* 2, *p.* 398, *n.* 20.

Alcyon gorgonioïde ; *Lam. Hist. polyp. p.* 352, *n.* 498.

Côtes de l'île de Curaçao.

Nota. Pallas a regardé cet animal comme faisant partie d'une Sertulaire, Ellis a rectifié cette erreur et l'a décrit de nouveau. M. de Lamarck, quoique ayant copié en grande partie la phrase d'Ellis, ne le cite cependant qu'avec un point de doute.

J'ai placé cette production singulière dans le même genre que le Distome variolé de Gærtner, à cause de sa ressemblance avec ce dernier quand il est desséché ; cette ressemblance est telle d'après la figure donnée par Ellis, qu'elle suppose les plus grands rapports entre ces deux êtres lorsqu'ils jouissent de la vie.

SIGILLINE. *SIGILLINA.*

Polypier à corps commun pédiculé, gélatineux, formé d'un seul système qui s'élève en un cône solide, vertical, isolé ou réuni par son pédicule à d'autres cônes semblables ; animaux disposés les uns au-dessus des autres en cercles peu réguliers ; orifice branchial s'ouvrant en six rayons égaux, l'anal de même ; *Savigny, Mém.* 2, *part.* 1, *p.* 178.

S. AUSTRALE. *S. australis.*
Tab. 77, fig. 2.

S. à corps élevé en cône grêle, souvent incomplet, diaphane, avec une faible nuance vert-jaunâtre, à pédicule commun cylindrique, et à sommités particulières peu proéminentes, ovales, rousses, cerclées de blanc ; orifices à rayons obtus et ferrugineux ; grandeur, 1 à 2 décimètres ; *Savigny, Mém.* 2, *part.* 1, *p.* 40, 61, 179, *pl.* 3, *fig.* 2, *et pl.* 14.

S. conica, gracilis, diaphana, pedicellata ; *pediculo tereti ; radiis orificiorum obtusis et ferrugineis.*

Côte sud-ouest de l'Australasie.

SYNOÏQUE. *SYNOÏCUM.*

Polypier à corps commun pédiculé, demi-cartilagineux, formé d'un seul système qui s'élève en un cylindre solide, vertical, isolé ou associé par son pédicule à d'autres cylindres semblables ; animaux parallèles et disposés sur un seul rang circulaire ; orifice branchial fendu en six rayons égaux ;

l'anal en six rayons très-inégaux ; *Savigny, Mém.* 2, *part.* 1, *p.* 180.

— *Phipps.*

Alcyonium ; *Gmelin.*

S. DE PHIPPS. *S. Phippsii.*

Tab. 77, fig. 3.

S. à corps porté sur un court pédicule qui, communément sert à le grouper avec trois ou quatre autres corps semblables, pubescent, d'un gris cendré, renflé au sommet, marqué de cinq à dix cannelures et terminé par un pareil nombre de sommités peu convexes, dont les orifices sont d'un brun clair ; grandeur, 3 à 4 centimètres ; *Savigny, Mém.* 2, *part.* 1, *p.* 43, 180, *pl.* 3, *fig.* 3, *et pl.* 15.

Alcyonium synoïcum ; *stirpibus pluribus cylindricis carnoso-stuposis ; orificio ad apicem stellato ; Gmel. Syst. nat. p.* 3816, *n.* 25.

Synoïcum turgens ; *Phipps, Itin. p.* 199, *tab.* 13, *f.* 3.

— *Desmarest et Lesueur, Bull. soc. phil.* (*mai* 1815), *pl.* 1, *fig.* 21, 22, 23.

Côtes du Spitzberg.

APLIDE. *APLIDIUM.*

Polypier à corps commun, sessile, gélatineux ou cartilagineux, polymorphe, composé de systèmes très-nombreux, peu saillants, annulaires, subelliptiques, qui n'ont point de cavité centrale, mais qui ont une circonscription visible ; animaux (3 à 25) placés sur un seul rang, à des distances égales de leur centre ou de leur axe commun ; orifice branchial divisé en six rayons égaux ; l'anal dépourvu de rayons peu ou point distinct ; *Savigny, Mém.* 2, *part.* 1, *p.* 181.

Alcyonium ; *auctorum.*

§ 1. *Ovaires plus courts que le corps.*

A. LOBÉ. *A. lobatum.*

Tab. 77, fig. 4.

A. demi-cartilagineux, étendu en masse horizontale, épaisse, d'un gris cendré, relevée de

gibbosités ou de lobes saillants inégaux et irrégulièrement arrondis ; systèmes excessivement nombreux et très-rapprochés ; orifices jaunâtres, à rayons simples ; grandeur, 1 à 2 décimètres ; *Savigny, Mém.* 2, *part.* 1, *p.* 4, 182, *n.* 1, *pl.* 3, *fig.* 4, *et pl.* 16, *fig.* 1.

A. semi-cartilaginosum, horizontale, crassum, cinereum, lobatum ; lobulis exertis, inæqualibus, irregulariter rotundatis ; systemis numerosissimis et approximatissimis.

Golfe de Suez et Méditerranée, sur les côtes de l'Egypte.

A. FIGUE DE MER. *A. ficus.*

A. en masse arrondie et lobée ; substance intérieure pulpeuse ; couleur olivâtre.

Alcyonium pulmonaria ; *pulposum, lividum, lobato-compressum, osculis stellatis minimis obductum ; Sol. et Ellis, p.* 175, *n.* 2.

— *Ellis, Corall. p.* 97, *n.* 1, *tab.* 17, *fig. b, B, C, D.*

Al. ficus ; *Pall. Elench. p.* 356, *n.* 209.

— *Brug. Encycl. p.* 26.

Aplide figue de mer ; *Savigny, Mém.* 2, *part.* 1, *p.* 3, 183, *n.* 2.

Océan européen, principalement sur les côtes de la Manche.

A. CALICULÉ. *A. caliculatum.*

Tab. 77, fig. 5.

A. demi-cartilagineux, s'élevant en masse verticale, conique, obtuse au sommet, lisse, demi-transparente, de couleur jaunâtre changeant en vert d'eau ; à systèmes un peu épars ; orifices très-visibles, caliculés ; grandeur, 1 à 2 décimètres ; *Savigny, Mém.* 2, *part.* 1, *p.* 186, *n.* 6, *pl.* 4, *fig.* 1, *pl.* 17, *fig.* 2.

A. semi-cartilaginosum, conicum, obtusum, læve, subtranslucidum, flavum ; systemis subsparsis ; orificiis caliculatis oculo nudo visibilibus.

Mers d'Europe.

POLYCLINE. *POLYCLINUM.*

Polypier à corps commun sessile, gélatineux ou cartilagineux, polymorphe, composé de systèmes plus ou moins multipliés, convexes, radiés, ayant chacun une cavité centrale, et communément une circonscription apparente; animaux (10 à 150) placés à des distances très-inégales de leur centre commun; orifice branchial à six angles intérieurs, saillants et égaux; l'anal prolongé horizontalement, point distinct à son issue, ou distinct, mais irrégulièrement découpé et concourant à former le bord saillant et frangé de la cavité du système; *Savigny, Mém.* 2, *part.* 1, *p.* 188.

P. CONSTELLÉE. *P. constellatum.*
Tab. 77, fig. 6.

P. à corps gélatineux, mou, convexe, hémisphérique, lisse au tact, d'un brun pourpre foncé, à systèmes très-multipliés, mais peu nombreux en individus (de 10 à 45), parfaitement distincts les uns des autres et pourvus de cavités centrales bien ouvertes à frange roussâtre; les sommités particulières un peu colorées en jaunâtre par les animaux qu'elles renferment; orifices d'un jaune plus foncé; grandeur, 3 à 5 centimètres; *Savigny, Mém.* 2, *part.* 1, *p.* 189, *n.* 1, *pl.* 4, *fig.* 2, *et pl.* 18, *fig.* 1.

P. gelatinosum, molle, convexum, hemisphæricum, læve, atropurpureum; systemis numerosis, individuis raris (10 à 45) *distinctis, flavescentibus.*

Côtes de l'île de France.

DIDEMNE. *DIDEMNUM.*

Polypier commun sessile, fongueux, coriace, polymorphe, composé de plusieurs systèmes très-pressés, qui n'ont ni cavité centrale ni circonscription apparentes; animaux disposés sur un seul rang, autour de leur centre ou de leur axe commun? orifice branchial divisé en six rayons égaux; l'anal point distinct; *Savigny, Mém.* 2, *part.* 1, *p.* 194.

D. BLANC. *D. candidum.*
Tab. 77, fig. 7.

D. étendu en croûte mince, opaque, d'un blanc de lait, plane ou relevée çà et là de quelques gibbosités; orifices jaunes à rayons très-pointus; grandeur, 3 à 6 centimètres; *Savigny, Mém.* 2, *part.* 1, *p.* 14 et 194, *n.* 1, *pl.* 4, *fig.* 3, *et pl.* 20, *fig.* 1.

D. tenuiter crustaceum, opacum, lacteum, planum vel subgibbosum; orificiis luteis, radiis acutissimis.

Sur les Madrépores, les coquillages, etc. du golfe de Suez.

---

§ 2. *Orifices dépourvus tous deux de rayons.*

EUCÉLIE. *EUCÆLIUM.*

Polypier commun, sessile, gélatineux, étendu en croûte, composé de plusieurs systèmes qui n'ont ni cavité centrale ni circonscription apparentes; animaux disposés sur un seul rang autour de leur centre ou de leur axe commun? orifice branchial circulaire, dépourvu de rayons; l'intestinal plus petit et peu distinct; *Savigny, Mém.* 2, *part.* 1, *p.* 195.

Polyclinum; *Cuvier.*

E. HOSPITALIÈRE. *E. hospitiolum.*
Tab. 77, fig. 8.

Eu. étendue en croûte molle, peu épaisse, d'un gris pâle pointillé de blanc mat; sommités particulières en forme de mamelons un peu ovales, transparents au centre, et légèrement teints d'incarnat; orifices rougeâtres; grandeur, 3 à 6 centimètres; *Savigny, Mém.* 2, *part.* 1, *p.* 16, 196, *n.* 1, *pl.* 4, *fig.* 4, *et pl.* 20, *fig.* 2.

Eu. crustaceum, molle, crassiusculum, griseopunctatum, mamillosum; mamillis subovalibus, centro translucidis, leviterque incarnatis; orificiis rubescentibus.

Golfe de Suez, sur les Madrépores, etc.

BOTRYLLE. *BOTRYLLUS.*

Polypier commun sessile, gélatineux ou cartilagineux, étendu en croûte, composé de systèmes ronds ou elliptiques, saillants, annulaires, qui ont une cavité centrale et une circonscription distinctes; animaux disposés sur un seul rang ou sur plusieurs rangs réguliers et concentriques; orifice branchial dépourvu de rayons, et simplement circulaire; l'intestinal petit, prolongé en pointe et engagé dans le limbe membraneux et extensible de la cavité du système; *Savigny, Mem.* 2, *part.* 1, *p.* 197.

Alcyonium; *auctorum.*

Polycyclus; *de Lam.*

Nota. Ce genre, proposé pour la première fois par Gærtner, a fixé l'attention de plusieurs naturalistes, principalement de MM. Savigny, Lesueur et Desmarest, qui en même temps en ont fait connaître les animaux dans les Mémoires qu'ils ont publiés. M. Savigny le divise en deux sections qu'il distingue en animaux disposés sur un seul rang, et animaux disposés sur plusieurs rangs.

B. DE LEACH. *B. Leachii.*

Tab. 77, fig. 9.

B. formant une croûte gélatineuse un peu épaisse, hyaline avec une teinte de rouge violet, garnie d'une infinité de tubes vasculaires de couleur fauve; systèmes nombreux, très-serrés, à sommités claviformes variées de fauve et de blanc (animaux, 10 à 30); orifice branchial blanc, entouré d'un collier fauve, cerclé de blanc; grandeur, 7 à 10 centimètres; *Savigny, Mém.* 2, *part.* 1, *p.* 199, *n.* 2, *pl.* 4, *fig.* 6, *et pl.* 20, *fig.* 4.

B. crustaceus, gelatinosus, crassiusculus, hyalinus, latè purpureus; tubulis vasculosis, numerosis, fulvis; systemis numerosis, densis, summitatibus clavatis luteo et albo variegatis.

Côtes d'Angleterre.

B. DE SCHLOSSER. *B. Schlosseri.*

B. en croûte gélatineuse, demi-transparente, teinte de glauque ou de cendré clair, et garnie de tubes marginaux d'un jaune ferrugineux; systèmes en grand nombre de 10 à 20 individus au plus; à sommités claviformes variées de jaune et de

roux; orifice branchial blanc, entouré de grandes taches ferrugineuses foncées; ligne radiale bordée de cette même couleur; grandeur, 7 à 10 centimètres; *Savigny, Mém.* 2, *part.* 1, *p.* 200, *n.* 3, *pl.* 20, *fig.* 5.

Alcyonium Schlosseri; carnosum, lividum, astericis luteis radiis obtusis ornatum; Sol. et Ellis, p. 177.

— *Gmel. Syst. nat.*

— *Pall. Elench. p.* 355, *n.* 208.

Botryllus stellatus; *Gærtn. apud Pall., Spicil. Zool. fasc.* 10, *p.* 37, *tab.* 4, *fig.* 1 — 5.

— *Brug. Encycl. p.* 187.

Côtes de France et d'Angleterre.

B. POLYCYCLE. *B. polycyclus.*

Tab. 77, fig. 10.

B. en croûte gélatineuse, demi-transparente, d'un cendré clair, à tubes marginaux rougeâtres terminés de bleu violet; systèmes en grand nombre de 8 à 20 individus au plus; à sommités ovales, bleues, variées de pourpre; orifices bordés de violet clair; grandeur, 1 décimètre et plus; *Savigny, Mém.* 2, *part.* 1, *p.* 47, 84 *et* 202, *pl.* 4, *fig.* 5, *et pl.* 21.

B. crustaceo-gelatinosus, semi-translucidus, cinereus; tubulis marginalibus rubescentibus; systemis numerosis.

Botryllus stellatus; *Renier, Opusc. scelt. tom.* 16, *p.* 256, *tab.* 1.

— *Lesueur et Desmar. Nouv. Bull. des scienc.* (*mai* 1815), *p.* 74, *pl.* 1, *fig.* 14 — 19.

Polycicle de Renier; *de Lam. Anim. sans vert. tom.* 3, *p.* 106, *n.* 1.

La mer Adriatique, *Renier, de Lamarck;* le Hâvre, *Desmarest;* Côtes du Calvados.

ORDRE VINGTIÈME.

ACTINAIRES.

Polypiers composés de deux substances, une inférieure, membraneuse, ridée transversalement, susceptible de contraction et de dilatation ; l'autre supérieure, polypeuse, poreuse, cellulifère, lamelleuse, ou tentaculifère.

Nota. Les polypiers dont cet ordre est composé doivent avoir beaucoup de rapports d'organisation avec les Actinies, à cause de leur forme, et semblent lier par une nuance presque insensible les polypiers sarcoïdes aux Acalèphes fixes de M. Cuvier.

CHENENDOPORE. *CHENENDOPORA.*

Polypier fossile, tantôt calcaire, tantôt siliceux, en forme d'entonnoir évasé ; pores ou cellules nombreuses, assez grandes, éparses sur toute la surface interne du polypier ; surface externe marquée de rides ou de plis parallèles, transverses, plus ou moins saillants, plus ou moins étendus, semblables à ceux d'une peau membraneuse contractée.

Nota. Il est impossible, en observant ce polypier, de ne pas le regarder comme une Alcyonée pétrifiée, molle irritable flexible dans l'état de vie, et qui peut-être pouvait rapprocher les bords de son entonnoir, le fermer à sa volonté et mettre tous les polypes à l'abri de l'air ou du choc des corps ambiants ; c'est ainsi que les Anémones de mer ou Actinies se comportent lorsqu'elles restent exposées à l'air au moment du reflux, ou lorsqu'on les tourmente.

L'organisation intérieure des Chenendopores est analogue à celle des Alcyons desséchés.

Ce polypier diffère de l'*Alcyonium chonoïdes* trouvé fossile en Angleterre, décrit et figuré dans les *Transactions linnéennes*, tom. XI, part. 2, pag. 40, tab. 27, 28, 29 et 30. Il est beaucoup plus voisin des Actinies que des Alcyons.

CH. FUNGIFORME. *Ch. fungiformis.*

Tab. 75, fig. 9, 10.

Ch. en forme d'entonnoir régulier, devenant d'autant plus irrégulier que les bords sont plus relevés ; grandeur, environ 15 centimètres ; largeur du point d'attache, environ 2 centimètres.

Ch. fossilis, siliceosus, infundibuliformis ; poris numerosis in parte internâ sparsis ; nervis parallelis, transversalibus plus minùsve extensis ad externâ superficie, membranam irritabilem contractamque simulans.

— *Guett.* tom. 3, p. 420, *pl.* 9, *f.* 2.

Terrain à polypiers des environs de Caen.

HIPPALIME. *HIPPALIMUS.*

Polypier fossile, fongiforme, pédicellé, plane et sans pores inférieurement, supérieurement couvert d'enfoncemens irréguliers, peu profonds, ainsi que de pores épars et peu distincts ; oscule grand et profond au sommet du polypier, point de pores dans son intérieur ; pédicelle cylindrique, gros et court.

H. FONGOÏDE. *H. fungoïdes.*

Tab. 79, fig. 1.

H. (*Voyez la description du genre*) ; grandeur, environ 7 centimètres sur 1 décimètre de diamètre.

H. fossilis, fungiformis, pedicellatus, infernè planus, nulliporus, supernè porosus ; poris sparsis distantibus ; foramine magno terminali.

Dans le banc de marne bleue qui forme une partie des falaises du département du Calvados.

Nota. Ce polypier paraît très-rare, peut-être par la difficulté de le distinguer dans le terrain qui le renferme. Plusieurs autres fossiles se trouvent dans cette marne bleue ; leur forme a quelque analogie avec celle des Hippalimes, de plusieurs Alcyons, et même avec des Méduses et d'énormes Actinies, mais leurs caractères ne sont pas assez distincts pour qu'on puisse les figurer, encore moins les décrire ; on ne peut que les mentionner.

LYMNORÉE. *LYMNOREA.*

Polypier fossile en masse alongée ou presque globuleuse, toujours très-irrégulière ; partie inférieure en forme de cupule, fortement ridée transversalement ; partie supérieure formée par un ou plusieurs mamelons peu saillants, finement lacuneux et sans pores visibles, presque toujours osculés au sommet ; oscules variant de grandeur à bords entiers ou fendus en étoile.

Nota. Les individus très-jeunes n'ont qu'un mamelon, les adultes en ont toujours plusieurs.

L. MAMELONÉE. *L. mamillosa.*

Tab. 79, fig. 2, 3, 4.

L. (*Voyez la description du genre*) ; grandeur variant de 1 à 3 centimètres.

L. fossilis ; massa elongata vel irregulariter glo-bosa, infernè cupuliformis transversè fortè rugosa, supernè irregulariter rotundata nulliporosa, subti-liter lacunosa, mamillifera ; mamillis brevibus ; fo-ramine terminali, inæquali, integro vel stellato.

Trouvé près de Luc par M. E. Deslongchamps, dans le terrain à polypiers des environs de Caen.

Nota. On ne peut expliquer la variété des formes que présentent les Lymnorées qu'en leur attribuant beau-coup de facilité pour se contracter et se dilater.

PELAGIE. *PELAGIA.*

Polypier fossile, simple, pédicellé ; surface supérieure étalée, ombiliquée, lamelleuse ; lames saillantes, rayonnantes, simples ou se dicho-tomiant une fois, rarement deux ; surface in-férieure unie ou légèrement ridée circulaire-ment, plus ou moins plane ; pédicelle central, en cône très-court et cylindrique.

P. BOUCLIER. *P. clypeata.*

Tab. 79, fig. 5, 6, 7.

P. (*Voyez la description du genre*) ; grandeur, 1 centimètre au plus de hauteur sur 1 ou 2 centi-mètres de diamètre.

P. fossilis, simplex, pedicellata, supernè plus minùsve expansa, umbilicata, lamellosa, lamellis radiatis exerentibus rarè simplicibus sæpè dichotomis, infernè subplana, lævis vel circiniter rugosa ; stipitæ brevissimo tereti conoïdeo.

Terrain à polypiers des environs de Caen.

Nota. Ce polypier est un des plus singuliers que l'on trouve aux environs de Caen, principalement par sa forme qui prouve de la manière la plus évidente com-bien est naturelle la classe des polypiers actinaires. Il semble composé intérieurement de tubes ou de cel-lules qui se dirigent en divergeant de la base aux extré-mités. Ils ne paraissent à la surface qu'autant qu'on en-lève une légère pellicule qui semble tout envelopper et tout cacher.

MONTLIVALTIE. *MONTLIVALTIA.*

Polypier fossile, presque pyriforme, composé de deux parties distinctes ; l'inférieure ridée trans-

versalement, terminée en cône tronqué ; la supé-rieure presque aussi longue que l'inférieure, un peu plus large, presque plane au sommet, légèrement ombiliquée et lamelleuse ; lames au nombre de plus de cent.

Nota. J'ai dédié ce genre à M. le comte de Montli-vault, protecteur éclairé des sciences et des lettres, dans le département du Calvados.

Les Montlivalties, assez communes dans le terrain à polypiers des environs de Caen, s'y trouvent rarement en bon état ; elles y sont géodiques, et leur intérieur est tapissé de cristaux de chaux carbonatée ; souvent elles en sont entièrement remplies. Quelquefois la partie supérieure et même l'inférieure sont déformées par une cause qui semble les avoir comprimées ; ces carac-tères ne peuvent appartenir à un polypier solide et pierreux.

Le *Montlivaltia caryophyllata* fut un des premiers po-lypiers fossiles des environs de Caen qui fixa mon atten-tion ; son organisation singulière renversait toutes mes idées, je ne savais où le placer. En parcourant le grand ou-vrage sur l'Expédition d'Egypte, que la bibliothèque de la ville de Caen doit aux puissantes sollicitations de M. de Montlivault, tous mes doutes furent éclaircis à la vue des Isaures que mon ami M. de Savigny a fait figurer (*pl. 2 polypes, HN Zoologie*), et dont l'organisation semble être la même que celle des Montlivalties. Bientôt après M. Deslongchamps, mon zélé collaborateur, dé-couvrit près le village de Luc le *Lymnorea mamillosa* et de nombreux individus du *Pelagia clypeata* ; M. de Man-gneville n'avait encore trouvé qu'un seul échantillon de ce dernier dans son parc de Lebisey, si riche en poly-piers fossiles. Les rapports faciles à reconnaître qui lient entre eux tous ces êtres, me décidèrent à en faire un ordre particulier. Les Isaures fixes de M. de Savigny doi-vent en faire partie.

M. CARYOPHYLLIE. *M. caryophyllata.*

Tab. 79, fig. 8, 9, 10.

M. (*Voyez la description du genre*) ; grandeur, environ 4 centimetres.

M. fossilis, subpyriformis, duabus partibus com-posita, inferiore transversè rugosa conica ; supernè, eâdem ferè longitudine, paululùm latiore, subplana, umbilicata, lamellosa.

— *Guett. Mem. 3, p. 466, pl. 26, f. 4, 5.*

Terrain à polypiers des environs de Caen ; Mortagne, *Guett.* ; calcaire du Jura, *Brogn.*

Nota. M. de Savigny n'ayant point encore donné la description de son genre Isaure, j'ai cru devoir me borner à copier la figure de celle qui se rapproche le plus de l'ordre des polypiers sarcoïdes actinaires.

IÉRÉE. *IERA.*

Polypier fossile, simple, pyriforme, pédicellé ; pédicule très-gros, cylindrique, s'évasant en masse arrondie, à surface lisse ; un peu au-dessus commencent des corps de la grosseur d'une plume de Moineau, longs, cylindriques, flexueux, solides, plus nombreux et plus prononcés à mesure que l'on s'éloigne de la base, et formant la masse de la partie supérieure du polypier ; sommet tronqué présentant la coupe horizontale des corps cylindriques observés à la circonférence.

Nota. Il est extrêmement difficile de prononcer sur la classe à laquelle appartient cette singulière production ; le seul individu que possède le cabinet de la ville de Caen a été roulé par les eaux, le frottement a usé sa surface, et l'on ne peut dire si c'est une Actinie, un Alcyon, ou bien un polypier sarcoïde actinaire ? Si c'était une Actinie, les corps cylindriques en seraient les

tentacules ; si ces corps cylindriques sont des cellules ou des tubes polypeux, n'étant pas épars sur la surface du polypier, il ne peut appartenir aux Alcyonées : je le placerai donc provisoirement parmi les polypiers actinaires ; quoique l'Iérée pyriforme ait perdu la majeure partie de ses caractères, elle en présente encore assez pour fixer l'attention des naturalistes.

I. PYRIFORME. *I. pyriformis.*

Tab. 78, fig. 3.

I. (*Voyez la description du genre*) ; grandeur, environ 12 centimètres.

I. fossilis, simplex, pyriformis, pedicellata.

Dans la marne bleue des environs de Caen ; aux Vaches noires.

SUPPLÉMENT.

Nota. Les Polypiers qui composent ce Supplément, ayant été trouvés depuis que cet ouvrage est commencé, n'ont pu être placés dans leurs groupes respectifs : on aurait pu les conserver pour les ajouter à une seconde édition ; l'Éditeur a jugé plus convenable de les publier de suite, afin de faire connaître aux naturalistes des êtres nouveaux, presque tous fossiles et appartenants à la même formation; c'est au zèle infatigable de MM. de Mangneville et Deslongchamps que je dois la plupart de ces objets. Le premier en a trouvé la majeure partie dans son parc de Lebisey ou dans ses courses géognostiques; le second dans ses promenades aux environs de Caen et au bord de la mer.

IDMONÉE. *IDMONEA.*

Polypier fossile, rameux; rameaux très-divergents contournés et courbés, à trois côtés; deux côtés couverts de cellules saillantes, coniques ou évasées à leur base, distinctes ou séparées, et situées en lignes transversales et paral·èles entre elles; l'autre face légèrement canaliculée, très-lisse et sans aucune apparence de pores.

Nota. Ce genre termine l'ordre des Milléporées.

I. TRIQUÈTRE. *I. triquetra.*
Tab. 79, fig. 13, 14, 15.

I. (*Voyez la description du genre*); grandeur inconnue; largeur des rameaux, environ 2 millimètres; longueur des cellules, un demi-millimètre.

I. fossilis, ramosa ; ramis divaricatis, distortis, inflexis, triquetris ; duabus faciebus cellulosis ; cellulis præaltis, conicis, distinctis in seriis transversalibus parallelibusque ; altera facie subcanaliculata, lævissima, nulliporosa.

Dans le terrain à polypiers des environs de Caen.

Nota. Ce polypier doit être très-rare : on n'en a trouvé encore qu'un seul individu dans un banc très-dur; il a les plus grands rapports avec les Spiropores,

principalement avec le *Spiropora tetragona*; mais l'absence totale des polypes sur une des trois faces est un caractère trop essentiel pour ne pas en faire un genre distinct.

BÉRÉNICE. *BERENICEA.*

Polypier encroûtant très-mince, formant des taches arrondies, composé d'une membrane crétacée, couverte de très-petits points et de cellules saillantes, ovoïdes ou pyriformes, séparées et distantes les unes des autres, éparses ou presque rayonnantes ; ouverture polypeuse petite, ronde, située près de l'extrémité de la cellule.

Nota. Ce genre doit être placé le premier dans l'ordre des Flustrées qu'il semble réunir aux Celléporées.

Peron avait donné le nom de *Berenix* à un groupe de Méduses que M. de Lamarck a réuni aux Equorées.

B. SAILLANTE. *B. prominens.*
Tab. 80, fig. 1, 2.

B. cellules alongées, beaucoup plus saillantes dans leur partie supérieure, où se trouve l'ouverture polypeuse, que dans les autres.

B. cellulis in parte superâ prominentibus.

Ce polypier forme des taches blanches, presque arrondies, peu saillantes sur quelques Delesseries

de

de la Méditerranée que j'ai reçues de M. Bouchet de Montpellier.

B. DU DÉLUGE. *B. diluviana.*

Tab. 80, fig. 3, 4.

B. fossile ; cellules pyriformes ; ouverture polypeuse plus grande que dans les autres espèces.

B. fossilis ; cellulis pyriformibus ; ore polyposo, grandiusculo.

Sur les Térébratules et autres productions marines du terrain à polypiers des environs de Caen. Elle se présente en expansions arrondies quelquefois de plus d'un centimètre de rayon ; les cellules quoique peu saillantes sont faciles à distinguer à l'œil nu.

B. ANNELÉE. *B. annulata.*

Tab. 80, fig. 5, 6.

B. cellules ovales marquées de plusieurs anneaux.

B. cellulis ovalibus annulatis.

Elle se trouve sur les mêmes plantes que la *Berenice saillante* ; elle est plus épaisse, d'un blanc grisâtre et paraît beaucoup plus rude ; les taches qu'elle forme sont moins régulières dans leur contour.

———

OBELIE. *OBELIA.*

Polypier encroûtant, subpyriforme, presque demi-cylindrique ; surface couverte de petits points et de tubes redressés, presque épars au sommet, ensuite rapprochés en lignes transversales, régulières ou irrégulières ; un sillon longitudinal semble les partager en deux parties égales.

Nota. Peron a donné le nom d'*Obelie* à des animaux que MM. Cuvier et de Lamarck regardent comme des Cyanées.

O. TUBULIFÈRE. *O. tubulifera.*

Tab. 80, fig. 7, 8.

O. tubes invisibles à l'œil nu ; grandeur du polypier, 1 centimètre tout au plus ; épaisseur,

---

un demi-millimètre environ. Analogue à la nacre de perle par la couleur, l'éclat et la substance.

O. incrustans, tubulifera ; tubulis erectis ad extremitatem subsparsis, deindè in lineas transversales approximatis.

Sur quelques Delesseries de la Méditerranée, reçues de M. Bouchet de Montpellier.

———

ENTALOPHORE. *ENTALOPHORA.*

Polypier fossile, peu rameux, cylindrique, non articulé, couvert dans toute son étendue d'appendices très-longs, épars, tronqués, semblables par leur forme et leur légère courbure à la coquille du *Dentale entale.*

Nota. Les appendices sont un prolongement des tiges ; doit-on les considérer comme de véritables cellules polypeuses, leur forme porte à le croire ? Leurs directions extrêmement variées ne peuvent être que le résultat d'une grande flexibilité. Ainsi les Entalophores, quoique fossiles, doivent appartenir à la division des Coralligènes flexibles ; leurs caractères les placent avant les Clyties, après les Idies.

E. CELLARIOÏDE. *E. cellarioïdes.*

Tab. 80, fig. 9, 10, 11.

E. rameaux peu nombreux et courts.

E. fossilis, ramosa, teres ; appendiculis fortassè cellulis numerosis, sparsis, testaceam Entalii æmulantibus sed capillaceis.

Le seul échantillon de ce polypier que je possède, a été trouvé par M. E. Deslongchamps dans le calcaire à polypiers de Caen. Je l'ai nommé *Entalophore cellarioïde* à cause d'un peu de ressemblance avec le *Cellaria hirsuta*, voisin du *Cellaria salicornia.*

———

APSENDESIE. *APSENDESIA.*

Polypier fossile presque globuleux ou hémisphérique, couvert de lames saillantes de 3 à 4 millimètres au moins, droites ou peu inclinées, contournées dans tous les sens, unies ou lisses sur un côté, garnies sur l'autre de lamelles presque verticales, variant beaucoup dans leur largeur, leur inclinaison et leur forme.

Nota. Ce genre se rapproche des Agaricies et des Pavones plus que tous les autres, mais il en diffère par trop de caractères pour qu'on puisse le réunir à l'un des deux.

A. CRÊTÉE. *A. cristata.*

Tab. 80, fig. 12, 13, 14.

A. (*Voyez la description du genre*); grandeur, environ 2 centimètres de hauteur sur 3 de diamètre.

A. fossilis, subglobosa vel hemispharica; laminis exsertis, rectis, diversè convolutis, uno latere lamelliferis.

Terrain à polypiers des environs de Caen; parc de Lebisey, Luc, Ranville.

Nota. C'est un des polypiers les plus singuliers de tous ceux que M. de Mangneville a trouvés aux environs de Caen; il y est très-rare quoique bien conservé.

HIPPOTHOÉ. *HIPPOTHOA.*

Polypier encroûtant, capillacé, rameux; rameaux divergents, articulés; chaque articulation composée d'une seule cellule en forme de fuseau; ouverture polypeuse ronde, très-petite, située près du sommet de la cellule.

Nota. Ce genre doit être placé dans l'ordre des Cellariées, entre les Lafœes et les Aétées.

H. DIVERGENTE. *H. divaricata.*

Tab. 80, fig. 15, 16.

H. cellules à peine visibles à l'œil nu, ayant la couleur et l'éclat de la nacre de perle.

H. ramosa; ramis divaricatis, articulatis; articulis fusiformibus; ore polyposo, rotundo, pumilo, ad extremitatem cellularum.

Sur une Delesserie palmée de la Méditerranée, que m'a envoyé M. Bouchet de Montpellier.

THÉONÉE. *THEONOA.*

Polypier fossile en masse conique grossièrement cylindrique et ondulée, simple ou lobée; surface couverte de trous ou enfoncements profonds, nombreux, très-irréguliers dans leur forme, épars; pores à ouverture presque anguleuse, très-petits, épars, toujours placés sur la partie unie du polypier, jamais dans les enfoncements remplis seulement de légères rugosités.

Nota. Les caractères que ce polypier présente le rapprochent des Millépores, mais l'en distinguent assez pour constituer un genre particulier; il doit être placé avant les Chrysaores, après les Idmonées.

TH. CHLATRÉE. *Th. chlatrata.*

Tab. 80, fig. 17, 18.

Th. lobes peu nombreux, courts, très-obtus ou arrondis; grandeur, environ 5 centimètres.

Th. fossilis, conica, crassè et illepidè teres undulataque, simplex vel lobata; lobis brevibus, obtusis; lacunis irregularibus, sparsis, profundè depressis; poris subangulosis minutissimis, sparsis, nunquàm in lacunis.

Terrain à polypiers des environs de Caen; parc de Lebisey, etc.

AMPHITOÏTE. *AMPHITOÏTES.*

Polypier à corps fixé, sans axe calcaire ni solide, branchu, à tige et rameaux formés de nombreuses articulations ou anneaux emboîtés les uns dans les autres; bord supérieur de chaque anneau présentant une échancrure alternativement opposée, et tout autour de ce même bord, une ligne de points enfoncés, de chacun desquels sort un cil; des boutons gemmifères dans les échancrures de quelques anneaux, paraissant servir au développement de nouveaux rameaux; *Desm. Bull. philom.* (*mai* 1811), *n.* 44, *p.* 272.

Nota. M. Desmarest a fait précéder la description de ce nouveau genre de polypiers fossiles d'une dissertation lumineuse, dans laquelle il prouve que cet être ne peut appartenir qu'à la classe des polypiers flexibles. Je l'ai placé provisoirement à la suite des Sertulariées, immédiatement après les Cymodocées.

A. DE DESMAREST. *A. Desmarestii.*

Tab. 81, fig. 1, 1', 2, 3, 4, 5.

(*Voyez la description du genre.*)

— *Nouv. Bull. philom.* (*mai* 1811), *pl.* 2, *fig.* 4, *a*, *b*, *c*, *d*, *e*, *f.*

A. ramosa, articulata ; articulis imbricatis emarginatis, margine ciliato.

Carrières des environs de Paris, dans un banc de marne jaunâtre et calcaire qui semble faire le passage de la formation calcaire à la formation gypseuse.

Nota. J'ai dédié ce polypier à mon ami M. Desmarest.

CHRYSAORE. *CHRYSAORA.*

Polypier fossile rameux, couvert de côtes ou lignes saillantes à peine visibles à l'œil nu, rameuses, anastomosées ou se croisant entre elles et se dirigeant dans tous les sens ; pores visibles à la loupe, ronds, épars, situés dans les intervalles des lignes, jamais sur leur surface.

Nota. Ce genre ne se distingue des Millépores que par les lignes saillantes ou côtes ; ce caractère est si singulier qu'il est impossible de ne pas faire un groupe particulier de ces polypiers. Je leur ai donné le nom de *Chrysaore*, quoique Peron en ait fait usage pour un groupe de Méduses que MM. Cuvier et de Lamarck ont réuni aux Cyanées. Il doit être placé immédiatement avant les Millépores.

CH. ÉPINEUSE. *Ch. spinosa.*

Tab. 81, fig. 6, 7.

Ch. simple, presque cylindrique, couverte d'aspérités coniques aiguës, nombreuses, quelquefois un peu rameuses et courtes ; côtes très-flexueuses, se dirigeant dans tous les sens et formant par leurs nombreuses anastomoses, un réseau assez serré à mailles polymorphes ; grandeur, environ 3 centimètres.

Ch. simplex, subteres ; spinis conicis, acutis, numerosis, brevibus, aliquoties subramosis ; costis flexuosis, diversè directis, irregulariter reticulatis.

Très-rare ; M. de Mangneville l'a trouvé une seule fois dans son parc de Lebisey.

CH. CORNE DE DAIM. *Ch. Damæcornis.*

Tab. 81, fig. 8, 9.

Ch. rameaux nombreux comprimés, presque palmés, presque toujours anastomosés entre eux dans leur partie inférieure ; côtes en général longitudinales et peu flexueuses ; grandeur, environ 3 centimètres.

Ch. ramis numerosis, compressis, subpalmatis, infernè coalescentibus ; costis generaliter longitudinalibus, paululùm flexuosis.

Terrain à polypiers des environs de Caen. Rare : il n'a encore été trouvé que par mon ami M. Deslongchamps dans les falaises qui s'étendent de Benouville à Ouestréham, près de l'embouchure de l'Orne.

EUNOMIE. *EUNOMIA.*

Polypier fossile, en masse informe, composée de tubes rayonnants du centre à la circonférence comme les divisions d'une panicule un peu lâche, sillonés longitudinalement, annelés transversalement ; anneaux saillants à des distances égales les unes des autres ; parois des tubes un peu épaisses et solides.

Nota. Les Eunomies doivent se placer à la suite des Favosites, avant les Tubipores.

EU. RAYONNANTE. *Eu. radiata.*

Tab. 81, fig. 10, 11.

Eu. (*Voyez la description du genre.*)

Eu. fossilis, informis ; tubulis longis, parallelis, internè longitudinaliter sulcatis et transversè annulatis ; parietibus crassiusculis solidisque.

Terrain à polypiers des environs de Caen ; falaises de Benouville, de Luc ; abbaye aux Dames, etc. ; on le trouve avec des tubes vides ou remplis de chaux carbonatée cristallisée.

Nota. Ce polypier en masse quelquefois d'un pied de diamètre est commun aux environs de Caen, principalement autour de l'abbaye aux Dames ; il a quelques rapports avec les Caténipores, beaucoup plus avec les Favosites, surtout avec celle de l'île de Gothland ; la phrase descriptive de cette dernière, donnée par M. de Lamarck, pourrait presque lui être appliquée ; mais si l'on rapproche ces deux polypiers, les différences sont telles que le naturaliste le moins exercé ne les confondra jamais ensemble. Le *Favosites Gothlandica* ressemble davantage à l'Eunomie rayonnante qu'à la Favosite alvéolée.

L'ordre des Tubiporées renferme beaucoup de genres de productions marines fossiles encore inconnues.

ALECTO. *ALECTO.*

Polypier fossile adhérent, filiforme, rameux, articulé, formé par des cellules situées les unes à la suite des autres, d'un diamètre presque égal dans toute leur longueur, avec une ouverture un peu saillante placée près de l'extrémité de la cellule et sur sa surface supérieure.

Nota. Je place ce genre parmi les polypiers flexibles à côté des Eucratées, auxquelles il ressemble par la position des cellules l'une à la suite de l'autre ; il en diffère par le nombre variable des cellules entre chaque dichotomie, par leurs parois beaucoup plus épaisses et par la cloison qui les sépare ; je n'ose cependant assurer que ce soit un polypier flexible pétrifié, vu son adhérence dans toute son étendue.

J'ai donné à ce genre le nom d'*Alecto*, parce que celui que le docteur Leach avoit établi sous ce nom, aux dépens des Astéries et d'après Nodder, n'a été adopté ni par M. de Lamarck ni par M. Cuvier.

A. DICHOTOME. *A. dichotoma.*
Tab. 81, fig. 12, 13, 14.

A. rameaux dichotomes ; grandeur, 1 à 2 centimètres.

A. fossilis, adhærens, filiformis, ramosa, dichotoma, articulata ; cellulis teretibus, subæqualibus altera suprà alteram ; ore exserto, ad extremitatem supero.

Se trouve sur les Térébratules et sur les polypiers fossiles des environs de Caen ; il y est assez rare.

TÉRÉBELLAIRE. *TEREBELLARIA.*

Polypier fossile, dendroïde, à rameaux cylindriques, épars, contournés en spirale de gauche à droite ou de droite à gauche indifféremment ; pores saillants, presque tubuleux,

nombreux, situés en quinconce, plus ou moins inclinés suivant leur position sur les spires.

Nota. Il est à remarquer que les Spiropores ont les cellules ou les pores saillants ainsi que les Térébellaires ; mais ce n'est que dans les individus bien conservés que l'on peut observer ce caractère.

Lorsque la partie saillante de la spire a été usée par le frottement, elle ressemble à un petit ruban étroit tourné autour des branches du polypier.

Ce genre doit être placé à la suite des Millépores, avant les Spiropores.

T. TRÈS-RAMEUSE. *T. ramosissima.*
Tab. 82, fig. 1.

T. rameaux très-nombreux, épars, écartés, de la grosseur d'une plume d'Oie dans leur partie inférieure ; grandeur, 3 à 5 centimètres, sur 3 à 7 de diamètre.

T. fossilis, dendroïdea ; ramis numerosis, divaricatis, sparsis, teretibus, obtusis.

Terrain à polypiers des environs de Caen ; parc de Lebisey, Benouville, etc.

T. ANTILOPE. *T. antilope.*
Tab. 82, fig. 2, 3.

T. rameaux peu nombreux, droits ou presque droits, terminés en pointe aiguë ; grandeur, 3 à 10 centimètres.

T. ramis parùm numerosis, rectis, vel subrectis et acutis.

Terrain à polypiers des environs de Caen, entre Luc et la mer.

TURBINOLOPSE. *TURBINOLOPSIS.*

Polypier fossile, en forme de cône renversé et sans point d'attache distinct ; surface supérieure plane marquée de lames rayonnantes réunies ensemble à des intervalles courts et égaux ; ces lames produisent latéralement des stries longitudinales très-flexueuses, dont les angles saillants en opposition entre eux et très-souvent réunis forment des trous rayonnants, irréguliers et situés en quinconce ; tous ces trous ou lacunes communiquent ensemble par une grande quantité de pores de grandeur inégale.

Nota. Les Turbinolopses ressemblent aux Turbinolies cylindriques par leur faciès, mais ils en diffèrent essentiellement par la forme des lames et par plusieurs autres caractères. On doit les placer à la suite des Turbinolies.

T. OCHRACÉ.   *T. ochracea.*
Tab. 82, fig. 4, 5, 6.

T. (*Voyez la description du genre*); couleur ochracée ; grandeur, environ 2 centimètres.

T. fossilis, conica, extùs longitudinaliter striata; striis flexuosissimis.

M. E. Deslongchamps en a trouvé un seul individu dans une carrière abandonnée près de Benouville, aux environs de Caen.

CARYOPHYLLIE TRONQUÉE.   *Caryophyllia truncata.*
Tab. 78, fig. 5.

C. fossile, simple, cylindrique, d'un diamètre presque égal dans toute sa longueur ; surface supérieure plane comme tronquée, fortement striée longitudinalement, principalement dans sa partie supérieure; grandeur, 4 à 5 centimètres; diamètre, 2 centimètres à 2 centimètres et demi.

C. fossilis, simplex, teres; supernè plana sicut truncata; longitudinaliter fortè striata, præcipuè in parte superá.

Terrain à polypiers des environs de Caen.

Nota. Cette Caryophyllie est quelquefois confondue avec le *Monlivaltia caryophyllata* lorsqu'on ne l'examine pas avec attention.

ASTRÉE DENDROÏDE.   *Astrea dendroïdea.*
Tab. 78, fig. 6.

A. fossile, en forme de tronc d'arbre très-court, à rameaux tronqués ; étoiles contiguës ou se confondant entre elles, le centre presque au même niveau que les lames ; grandeur, environ 4 cen-

timètres ; diamètre des étoiles, 4 millimètres au plus.

A. fossilis, crassiter trunciformis, ramosa; ramis truncatis brevissimis; stellis contiguis subplanis.

Terrain à polypiers des environs de Caen.

Nota. J'ai long-temps regardé cette Astrée comme encroûtant un autre polypier; l'ayant cassée je me suis assuré d'après son organisation intérieure qu'elle formait une masse de même nature ; elle se rapproche de l'*Astrea galaxea* par les étoiles ; elle en diffère par la forme du polypier qui s'éloigne de toutes celles que l'on observe dans ce genre nombreux.

TURBINOLIE CELTIQUE.   *Turbinolia celtica.*
Tab. 78, fig. 7, 8.

T. fossile, presque cylindrique, conique, un peu ondulée longitudinalement; lames presque isolées et tranchantes au nombre de dix-huit, composées de deux feuillets plus ou moins distincts et séparés à la surface, dans la partie supérieure du polypier, et non l'inférieur; grandeur, environ 3 centimètres.

T. fossilis, conica, subcylindrica, longitudinaliter paululùm undulata; 18 lamellis subdijunctis, marginibus partìm sulcatis.

A Kerliver près de Faon, département du Finistère.

Nota. Cette Turbinolie m'a été communiquée par M. Bonnemaison de Quimper; elle se termine brusquement en pointe aiguë et cassée comme si elle avait adhéré par cette partie à un corps solide; elle présente au centre une masse ovale et alongée à laquelle les lames viennent aboutir. Cette espèce est singulière par sa forme, par l'ancienneté du terrain qui la renferme, très-voisin de celui de transition et par sa pointe tronquée ; caractère que présentent d'autres Turbinolies, ce qui ferait croire que ces polypiers ne sont pas libres comme le dit M. de Lamarck.

Le terrain à polypiers des environs de Caen, beaucoup moins ancien que celui du Finistère, ne renferme aucune espèce de Turbinolie.

SPIROPORE TÉTRAGONE.   *Spiropora tetragona.*
Tab. 82, fig. 9, 10.

Sp. rameaux irrégulièrement tétragones, un

peu flexueux ; cellules saillantes en lignes presque transversales ; grandeur , 3 à 5 centimètres.

Sp. ramis irregulariter tetragonis subflexuosis ; cellulis serialibus subtransversalibus.

Terrain à polypiers des environs de Caen ; rare.

SP. EN GAZON. *Sp. cespitosa.*
Tab. 82, fig. 11, 12.

Sp. à tiges rameuses , partant en grand nombre de la même base ; rameaux nombreux cylindriques se croisant dans tous les sens , d'une grosseur presque égale dans leur longueur ; pores très-petits, situés en lignes fortement spirales ; grandeur, environ 5 centimètres ; diamètre des rameaux , environ 1 millimètre.

Sp. caulibus dumetosis , ramosis ; ramis teretibus intricatis; cellulis minutissimis , subexsertis , spiraliter seriatis.

Terrain à polypiers des environs de Caen.

MONTICULAIRE OBTUSE. *Monticularia obtusata.*
Tab. 82, fig. 13, 14.

M. en masse étendue plane, couverte de cônes un peu écrasés , obtus ou arrondis au sommet, assez réguliers, inégaux en grandeur ; lames nombreuses , simples, beaucoup plus épaisses à la base des cônes qu'à l'extrémité ; grandeur du polypier.........; hauteur des cônes, 1 centimètre au plus.

M. superficie planâ , extensâ ; conulis obtusis inæqualibus , subregularibus ; lamellis numerosis simplicibus.

Dans le banc de marne bleue, aux Vaches noires, côtes du Calvados.

FONGIE ORBULITE. *Fungia orbulites.*
Tab. 83, fig. 1, 2, 3.

F. fossile, orbiculaire, convexe en dessus avec un sinus oblong au centre ; lames très-fines, nombreuses , serrées, légèrement rugueuses ou inégales ; surface inférieure un peu concave, striée ; stries rayonnantes ; grandeur, 1 à 2 centimètres de diamètre , sur 2 à 10 millimètres d'épaisseur.

F. fossilis , orbicularis , supernè convexa , oblongiter umbilicata; lamellis tenuissimis , densis , numerosis , rugosiusculis ; infernè subconcava , marginibus sæpè revolutis , striis radiatis.

Environs de Lizieux ; commune dans le terrain à polypiers des environs de Caen.

Nota. Les stries inférieures ne sont que le prolongement des lames de la surface supérieure.

La Fongie orbulite toujours fossile , a quelques rapports avec la Fongie cyclolite décrite par M. de Lamarck et rapportée par Peron et Lesueur de leur voyage aux Terres australes.

MILLÉPORE A GROSSE TIGE. *Millepora macrocaule.*
Tab. 83, fig. 4.

M. fossile, dendroïde , rameux ; rameaux grossièrement cylindriques , raboteux , épars; pores ronds et irréguliers , d'un diamètre très-inégal, dispersés presque par groupes ; grandeur inconnue ; diamètre des rameaux , 1 à 8 centimètres.

M. fossilis , dendroïdea , ramosa ; ramis crassissimis , teretibus , scabris ; poris inæqualibus, sparsis , sæpè glomeratis.

Terrain à polypiers des environs de Caen.

Observ. C'est le plus gros de tous les polypiers dendroïdes que l'on trouve aux environs de Caen ; les fragments d'un petit volume ne sont pas rares, on en voit peu de 2 décimètres de hauteur ; je n'en ai jamais observé de plus grand. J'ai réuni ce polypier aux Millépores , parce qu'il a plus de rapport avec les espèces de ce genre qu'avec les autres groupes ; il en présente également avec quelques Alcyonées , moins cependant qu'avec les premiers. J'aurais peut-être dû en faire un genre particulier , fondé d'après les caractères que présentent les pores ou cellules, mais n'en ayant jamais trouvé un seul individu assez entier pour en connaître la forme , je l'ai placé provisoirement avec les Millépores, sous le nom de *Millepora macrocaule*, à cause de la grosseur de la tige.

Nota. Les Millépores sont peut-être les moins connus de tous les polypiers pierreux et solides. Leur forme ne présente en général rien d'extraordinaire , et le naturaliste les abandonne quelquefois pour des objets plus brillants ou plus singuliers ; ils méritent cependant son attention autant que les autres êtres, ne serait-ce que pour nous faire connaître les polypes qui les construisent ; leurs cellules, dans plusieurs espèces, échappent à nos plus forts microscopes par leur extrême petitesse.

M. de Lamarck les a divisés en deux sections : la première a pour caractères des pores toujours apparents ; la seconde, des pores peu ou point apparents. Pour rendre les espèces de ce genre plus faciles à déterminer, j'ai cru devoir multiplier ces divisions en proposant les sections suivantes dans la première de M. de Lamarck.

Première section. Pores apparents soit à l'œil nu, soit avec une loupe.

§. 1. Pores ronds égaux entre eux.

§. 2. Pores ronds inégaux entre eux.

§. 3. Pores irréguliers ou anguleux d'une grandeur à peu près égale.

§ 4. Pores irréguliers ou anguleux d'une grandeur très-inégale.

Deuxième section. Pores toujours invisibles même avec une forte loupe. *Nullipores.*

M. EN BUISSON. *M. dumetosa.*

Tab. 82, fig. 7, 8.

M. fossile, sans tige distincte ; petit empatement d'où s'élèvent presque à la même hauteur des rameaux nombreux, étalés, cylindriques ; extrémités arrondies, un peu comprimées ou bifides, ou presque lobées ou échancrées ; pores invisibles à l'œil nu, inégaux entre eux ; grandeur, environ 2 centimètres.

M. fossilis, acaulis ; ramis dumetosis subæqualibus, numerosis, teretibus ; extremitatibus subcompressis rotundatis bifidis, vel sublobatis vel emarginatis; poris oculo nudo invisibilibus, inæqualibus.

Terrain à polypiers des environs de Caen.

Nota. On observe avec une forte loupe, vers l'extrémité des rameaux, des espèces de nervures saillantes, qui se perdent et s'effacent dans la partie moyenne du polypier. Ce caractère rapproche des Chrysaores le Millépore en buisson ; il en diffère par les pores qui couvrent ces nervures, toujours nues dans les Chrysaores.

M. PYRIFORME. *M. pyriformis.*

Tab. 83, fig. 5.

M. fossile, rameux ; rameaux simples, rarement isolés, presque toujours ne formant qu'une seule masse en forme de poire avec un oscule peu sen-

sible au sommet ; grandeur, environ 5 centimètres.

M. fossilis, ramosa, teres ; ramis simplicibus, pyriformibus.

Terrain à polypiers des environs de Caen ; parc de Lebisey.

M. CONIFÈRE. *M. conifera.*

Tab. 83, fig. 6, 7.

M. fossile, dendroïde, rameux ; rameaux peu nombreux, cylindriques, très-gros eu égard à leur longueur, peu divisés, terminés en cônes courts, obtus, inégaux et divergents ; pores visibles à la loupe, ronds et inégaux entre eux ; grandeur, 5 à 6 centimètres.

M. fossilis, dendroïdea, ramosa ; ramis parùm numerosis, subsimplicibus, crassis, teretibus, bifurcatis ; extremitatibus conoïdeis, inæqualibus, obtusatis, divergentibus ; poris oculo benè armato visibilibus, rotundatis inæqualibusque.

Terrain à polypiers des environs de Caen.

Nota. Des protubérances aculéiformes s'observent souvent sur quelques parties de ce polypier.

M. EN CORYMBE. *M. corymbosa.*

Tab. 83, fig. 8, 9.

M. fossile, dendroïde, caulescent, rameux ; rameaux très-nombreux, formant une masse corymbiforme, cylindriques, épars, à surface lisse ; pores invisibles à l'œil nu, anguleux, d'une grandeur presque égale, tubuleux ; tubes rayonnants du centre à la circonférence ; grandeur, environ 5 centimètres.

M. fossilis, dendroïdea, caulescens, ramosa ; ramis numerosissimis, lævibus, teretibus, sparsis, corymbosis ; poris, oculo armato visibilibus, angulosis, subæqualibus tubulosis ; tubulis radiantibus.

Terrain à polypiers des environs de Caen.

EPONGE HELVELLOÏDE. *Spongia helvelloïdes.*

Tab. 84, fig. 1, 2, 3.

Ep. fossile, pédicellée, à forme variant depuis

celle d'un entonnoir régulier, jusqu'à celle d'une lame plane étalée en éventail, et ressemblant quelquefois à un cratère évasé à bords ondulés ; bord épais d'environ 3 millimètres ; tissu intérieur grossièrement poreux et sans oscule, extérieurement réticulé, à fibres longitudinales plus sensibles et plus fortes que les transversales, très-souvent interrompues dans leur longueur ; pédicelle court, épais et cylindrique ; grandeur, au plus 6 centimètres.

Sp. fossilis, pedicellata, polymorpha, modò infundibuliformis vel crateriformis marginibus undulatis, modò plana flabellataque.

Terrain à polypiers des environs de Caen ; parc de Lebisey.

Nota. Cette Eponge appartient à la quatrième section, elle n'est pas rare dans le terrain à polypiers ; vivante elle devait être encroûtée.

EP. LAGENAIRE. *Sp. lagenaria.*

Tab. 84, fig. 4.

Ep. fossile, simple, en forme de gourde renversée et pédicellée, un oscule au sommet ; tissu assez gros ; base à surface lisse et substance compacte ; grandeur, environ 2 centimètres.

Sp. fossilis, simplex, teres, lagenæformis, ad basim subpedicellata, foramine terminali ; pedicelli superficie lævi.

Carrières de Ranville, terrain à polypiers des environs de Caen. Elle y est très-rare, et diffère de toutes les autres par les deux renflements qu'elle présente ; celui de la tête ayant au moins un diamètre double du second.

EP. PISTILLIFORME. *Sp. pistilliformis.*

Tab. 84, fig. 5, 6.

Ep. fossile, rameuse ; rameaux simples cylindriques, courts, terminés par une tête arrondie, renflée, avec un oscule au sommet ; oscule légèrement ombiliqué, à bords un peu déchirés ; tissu fin et serré ; grandeur, environ 3 centimètres.

Sp. fossilis, ramosa ; ramis simplicibus, teretibus brevibus capitatis, ad extremitatem perforatis ; foramine paululùm umbilicato, marginibus sublaciniatis.

Terrain à polypiers des environs de Caen ; principalement à Lebisey, à Ranville, etc.

EP. EN CYME. *Sp. cymosa.*

Tab. 84, fig. 7.

Ep. fossile, rameuse, pédicellée ; rameaux nombreux isolés ou joints ensemble, et formant par leur réunion et leur élévation à peu près égale une sorte de cyme ; divisions des rameaux au nombre de 2, 3 ou 4, ovoïdes, accolées latéralement dans la majeure partie de leur longueur, et terminées par un trou à bord entier ; tissu fin et égal ; grandeur, 4 à 5 centimètres.

Sp. fossilis, ramosa, pedicellata, cymæformis ; ramis numerosis dijunctis vel junctis ; ramulis simplicibus ovoïdeis lateraliter adnatis, parùm numerosis ; foramine terminali.

Terrain à polypiers des environs de Caen ; parc de Lebisey, carrières de Luc, etc.

EP. EN FORME DE CLAVAIRE. *Sp. clavarioïdes.*

Tab. 84, fig. 8, 9, 10.

Ep. fossile, rameuse, cylindrique ; rameaux presque toujours simples, cylindriques, terminés en tête arrondie, légèrement flexueux, ondulés dans leur longueur ou avec des contractions de distance en distance ; au sommet est un oscule en général assez grand et profond avec les bords déchirés ; tissu gros et serré ; grandeur, environ 5 centimètres.

Sp. fossilis, teres, ramosa ; ramis simplicibus, capitatis, læviter flexuosis, undulatis vel contractis ; foramine terminali, marginibus laciniatis.

Terrain à polypiers des environs de Caen ; parc de Lebisey, etc.

EP. MAMILLIFÈRE. *Sp. mamillifera.*

Tab. 84, fig. 11.

Ep. fossile, en masse sessile, informe, couverte de gros mamelons plus ou moins isolés à peine saillants ou alongés et rétrécis dans leur partie inférieure, avec un trou au sommet à bord très-fendu, ce qui le fait paraître rayonnant ou étoilé ; quelquefois un second trou beaucoup plus

petit

petit se trouve à côté du premier ; tissu grossièrement réticulé à la base et devenant plus fin en se rapprochant de l'extrémité des mamelons ; grandeur, environ 5 centimètres.

Sp. fossilis, subsessilis, in massam informem et mammilliferam explanata; mamillis vel subexsertis, vel pedicellatis, simplicibus vel ramosis, perforatis ; foramine terminali stellato, unico vel cum foraminulo proximato.

Terrain à polypiers des environs de Caen.

EP. ÉTOILÉE. *Sp. stellata.*

Tab. 84, fig. 12, 13, 14, 15.

Ep. fossile, pédicellée, simple, rarement prolifère, variant beaucoup dans sa forme en général semblable à celle d'un cône renversé très-irrégulier ; surface supérieure un peu convexe avec des oscules grossièrement étoilés par des trous ou des sillons rayonnants, un seul oscule dans les jeunes individus, plusieurs dans les individus plus âgés ; grandeur, 1 à 3 centimètres de hauteur sur 1 à 4 ou 5 centimètres de diamètre au plus.

Sp. fossilis, pedicellata, simplex rarè prolifera, irregulariter subconoïdea, supernè convexiuscula, osculata ; osculis irregularibus, radiatim sulcatis.

Terrain à polypiers des environs de Caen.

Nota. Peu de polypiers ont une forme qui varie autant que celle de ce fossile, classé parmi les Eponges à cause de son organisation extérieure : le tissu devait en être très-solide puisque des Flustres et d'autres polypiers encroûtants en recouvrent quelques parties ; on observe le même phénomène sur des Eponges vivantes à tissu très-dense, principalement à leur base.

Animaux qui n'appartiennent point à la classe des polypiers.

HUGHÉE. *Hughea.*

Polype rentrant dans un tube ; bouche garnie de quatre filamens mobiles et entourée de nombreux tentacules pétaloïdes.

Nota. Il est impossible de reconnaître avec exactitude l'animal qu'Ellis a décrit d'après Hughes. Comme il diffère du genre Actinie dans lequel Ellis l'a placé, du genre Tubulaire avec lequel il lui trouve des rapports, et qu'aucun auteur n'en fait mention, j'ai cru devoir en former un genre nouveau que j'ai dédié à celui qui le premier en a donné la description et la figure.

H. SOUCI. *H. calendula.*

Tab. 1, fig. 3.

H. bouche entourée de tentacules pétaloïdes.

Actinia calendula ; *stirpe subturbinata ; disco tentaculis petaliformibus cincto ; Sol. et Ellis, p. 7, n. 10.*

The animal Flower ; *Hugues's, Hist. of Barb. p. 293, tab. 24, f. 1.*

Ile des Barbades.

ZOANTHE D'ELLIS. *Zoanthus Ellisii.*

Tab. 1, fig. 1, 2.

Z. en forme de massue fistuleuse, attachée à un tube qui rampe, se contourne et se ramifie aux voûtes des cavités des rochers.

Actinia sociata ; *tenuis, tubæformis, capitulo subgloboso tentaculato ex tubulo carnoso adhærenti prolifera ; Sol. et Ellis, p. 5, n. 5.*

Hydra sociata ; *Gmel. Syst. nat. p. 3868, n. 9.*

Zoanthe d'Ellis ; *Bosc, 2, p. 224.*

— *de Lam. Anim. sans vert. tom. 2, p. 65.*

Mers d'Amérique.

Nota. M. Savigny trouve beaucoup de rapport entre les Zoanthes et les Alcyons. M. Cuvier les a placés avec raison à la suite des Actinies ; je ne pense pas comme ce célèbre zoologiste pour les *Alcyonium mammillosum* et *Al. digitatum*, qui appartiennent à deux genres différents, et qu'il regarde comme des Zoanthes.

ASTÉRIE ÉCHINITE. *Asterias echinites.*

Tab. 60, 61 et 62.

A. orbiculaire, discoïde, légèrement convexe en dessus avec le centre un peu enfoncé ; seize à vingt rayons épais et très-épineux ; surface supérieure muriquée.

A. orbicularis , multiradiata , spinoso-echinata ; spinis basi tomentosis , subarticulatis ; dorsalibus validioribus , longioribus et acutioribus ; de Lam. Anim. sans vert. tom. 2 *, p.* 559 *, n.* 21.

— *Sol. et Ellis ,* p. 206.

— *Brug. Encycl. méthod. pl.* 107, *A , B, C.*

— *Cuvier , Règne anim. tom.* 4 *,p.* 11.

Océan indien.

PENNATULE ARGENTÉE. *Pennatula argentea.*

Tab. 8 , fig. 1 , 2 , 3.

P. forme alongée; tige cylindrique ; pinnules courtes , très-nombreuses , imbriquées , dentées.

P. lanceolata , penna facie ; stirpe lævi tereti ; pinnis creberrimis , imbricatis , dentatis , virgatis ; Sol. et Ellis , p. 66 *, n.* 9.

— *Gmel. Syst. nat. p.* 3867 *, n.* 15.

— *Esper, Zooph. Suppl.* 2 *, tab.* 8.

— *de Lam. Anim. sans vert. tom.* 2 *, p.* 427 *, n.* 5.

Océan indien.

Nota. Cet animal répand la nuit une lumière brillante et phosphorique.

ANATIFE FASCICULÉE. *Anatifa fascicularis.*

Tab. 15 , fig. 6.

A. coquille mince , transparente , lisse , à cinq valves , les supérieures aiguës à leur extrémité , la dorsale dilatée à sa base et anguleuse dans son milieu.

Lepas fascicularis; testa quinquevalvi lævi corpus tegente , valvula dorsali basi dilatata angulo acuto prominente , stipite nudo ; Sol. et Ellis , p. 197.

— *Montagu , Test. Brit. p.* 557.

— *Trans. Linn. vol.* 8 *, p.* 30 *, n.* 15.

Anatifa vitrea ; *de Lam. Anim. sans vert. tom.* 5 *, p.* 405 *, n.* 5.

Côtes de Noirmoutier, de la Manche, de l'Angleterre; *Montagu , Lamarck.*

Nota. Cette Anatife a été communiquée à M. de Lamarck par mon ami M. Latreille , naturaliste aussi modeste que savant ; il l'avait trouvée aux environs de Noirmoutier ; Ellis l'indique dans le canal de Saint-Georges , le D^r. Maton et M. Backelt sur les côtes d'Angleterre , etc. Il est à remarquer que cette Anatife n'est point citée par Gmelin dans son *Systema natura* , ni par Bruguières dans l'*Encyclopédie méthodique* , ni par MM. Cuvier , Bosc , etc.

Je n'ai trouvé dans aucun auteur la citation du *Lepas dorsalis.*

A. DORSALE. *A. dorsalis.*

Tab. 15 , fig. 5.

A. coquille écailleuse à sa base , à cinq valves , les latérales lisses , la dorsale arrondie , rugueuse transversalement ; le pied écailleux.

Lepas dorsalis; testa quinquevalvi corpus tegente , basi squamosa ; valvulis lateralibus lævibus ; dorsali rotundata , transversìm rugosa ; stipite squamuloso ; Sol. et Ellis , p. 197.

Côtes des Mosquites; Amérique septentrionale.

BALANE FISTULEUX. *Balanus fistulosus.*

Tab. 15 , fig. 7 , 8.

B. coquille tubuleuse , alongée , striée ; valves s'ouvrant dans leur partie supérieure et présentant une large ouverture.

Balanus clavatus; testa elongata , clavata ; orificio dilatato hiante ; Sol. et Ellis , p. 198.

Balanite fistuleux ; *Brug. Encyl. p.* 166 *, n.* 6, *pl.* 164 *, fig.* 7 *,* 8.

— *de Lam. Anim. sans vert. tom.* 5 *, p.* 398 *, n.* 28.

Océan Européen septentrional.

CLIO BORÉALE. *Clio borealis.*

Tab. 15 , fig. 9 , 10.

C. corps gélatineux transparent ; nageoires presque triangulaires; extrémité du corps ou de l'enveloppe extérieure pointue.

Clio limacina; *nuda ; corpore obconico ; Sol. et Ellis , p.* 198.

Clio borealis; *Brug. Encycl. p.* 506 , *n.* 1.

— *Peron et Lesueur , Ann. du Muséum , tom.* 15, *p.* 65, *pl.* 2 , *fig.* 4, 5, 6.

— *Cuvier, Règne anim. tom.* 2 , *p.* 379.

Mers du Nord.

———

FISTULAIRE TUBULEUSE. *Fistularia tubulosa.*

Tab. 8 , fig. 4, 5 , 6.

F. vingt tentacules divisés au sommet; corps alongé , couvert supérieurement de mamelons coniques, épars , et de tubes rétractiles inférieurement.

Holothuria tremula ; *tentaculis fasciculis , corpore papillis hinc subconicis illinc cylindricis ; Linn. Syst. nat. XII , p.* 1090 , *n.* 3.

— *Sol. et Ellis* (*sine descriptione*).

H. tubulosa ; *Gmel. Syst. nat. p.* 3138, *n.* 3.

— *Encycl. pl.* 86 , *fig.* 12.

Fistularia tubulosa; *Forsk. Fn. ægypt. tab.* 39 , *fig. A.*

F. tubuleuse ; *de Lam. Anim. sans vert. tom.* 3 , *p.* 75 , *n.* 2.

Méditerranée.

FUCUS LENDIGÈRE. *Fucus lendigerus.*

Tab. 5 , fig. F.

F. tige cylindrique, filiforme ; feuilles oblongues légèrement dentées ; fructifications cylindriques , rameuses ou composées.

F. caule tereti corymboso , foliis lanceolatis denticulatis alternis ; fructificationibus cymosis.

— *Gmel. Hist. fuc. p.* 101.

— *Gmel. Syst. nat. p.* 1380.

— *Turn. Hist. fucor.* 1, *p.* 107, *tab.* 48, *fig. a , b , c.*

— *Lam. Gen. thalass. p.* 16.

Ile de l'Ascension.

———

PLOCAMIE TRIANGULAIRE. *Plocamium triangulare.*

Tab. 5, fig. H.

P. tige cartilagineuse, rameuse et presque dichotome, triangulaire ainsi que les rameaux; denticules imbriqués à deux ou trois aiguillons ou appendices aigus, situés sur les angles.

P. minimus denticulatus , triangularis ; Sloan. Jam. p. 61, *tab.* 20 , *f.* 9.

Fucus triangularis ; *Gmel. Syst. nat. p.* 1383.

— *Turn. Hist. fuc. tom.* 1 , *p.* 70 , *tab.* 33 , *f. a , b , c.*

Fucus triqueter ; *Gmel. Hist. fuc.* 1 , *p.* 122 , *tab.* 8 , *f.* 4.

— *Esper, Ic. fuc. p.* 15, *tab.* 119.

Plocamium triangularé; *Lam. Gen. thalass. p.* 50.

Océan atlantique équatoréal.

TABLE FRANÇAISE

DES ORDRES, DES GENRES, DES ESPÈCES ET DES SYNONYMES.

Nota. Les citations et les synonymes sont en italique.

INDEX ALPHABETICUS

ORDINUM, GENERUM, SPECIERUM, SYNONYMORUM.

Nota. *Synonyma litteris inclinatis impressa sunt.*

EXPLICATION DES PLANCHES.

Fɪɢ. d. *Menipea cirrata*, *p*. 7.

D. Rameau grossi vu en dessous.

D 1. Autre rameau grossi vu en dessus.

e. *Clytia volubilis*, *p*. 13.

f. Polype de grandeur naturelle.

E. Ovaire grossi à la loupe.

F. Polype grossi à la loupe.

Pʟ. 5.

Fɪɢ. a. *Pasythea tulipifera*, *p*. 9.

A. Le même grossi.

b. *Cellaria cereoïdes*, *p*. 5.

c. Rameau supporté sur un pédicelle.

B. C. Rameaux grossis.

D. Coupe transversale d'un rameau grossi.

E. Coupe verticale.

F. *Fucus lendigerus*, *p*. 91.

g. *Pasythea quadridentata*, *p*. 9.

G. Rameaux grossis.

Pʟ. 6.

Fɪɢ. a. *Aglaophenia frutescens*, *p*. 11.

A. Rameaux grossis avec leurs cellules.

A 1. Tige grossie.

b. *Dynamena pinaster*, *p*. 12.

B. Rameau grossi.

B 1. Ovaires.

c. *Sertularia filicula*, *p*. 12.

C. Rameaux grossis.

C 1. Ovaires.

Pʟ. 7.

Fɪɢ. 1. *Aglaophenia pennatula*, *p*. 11.

2. Rameaux grossis.

Fɪɢ. 3. *Laomedea muricata*, *p*. 14.

4. Le même grossi.

5. *Nesea annulata*, *p*. 23.

6. Le même grossi.

7. Partie supérieure de la tige, très-grossie, pour faire voir l'insertion des rameaux.

8. Un rameau très-grossi.

9. *Lichen*. . . . . .

10. Le même grossi.

a. Fructifications ?

b. Les mêmes grossies.

Pʟ. 8.

Fɪɢ. 1. *Pennatula argentea*, *p*. 90.

Vue en dessus.

2. La même vue en dessous.

3. Un des ailerons étendus.

4. *Fistularia tubulosa*, *p*. 91.

5. Tentacule grossi.

6. Animal marin inconnu.

Il a été trouvé près de l'île de Grenade ; ne serait-ce pas une Ascidie ?

Pʟ. 9.

Fɪɢ. 1. *Aglaophenia frutescens*, *p*. 11.

La tige est couverte du *Distoma Pallasii*, *p*. 73.

2. Ce dernier grossi.

3. 4. Fragment de l'axe de l'*Isis hippuris* coupé longitudinalement.

5. 6. 7. 8. Fragments de l'axe du *Gorgonia ceratophyta*, coupés longitudinalement et plus ou moins grossis.

Pʟ. 10.

Gorgonia umbraculum, *p*. 34.

Pʟ. 11.

Fɪɢ. D 6. Surface avec les cellules fermées
et entières.

e.   *Halimeda tuna, p. 27.*

Pʟ. 21.

Fɪɢ. a,   *Corallina palmata, p. 25.*

A.   Un rameau grossi.

b.   *Corallina subulata, p. 25.*

B.   Un rameau grossi.

c.   *Corallina granifera, p. 24.*

C.   Un rameau grossi.

d.   *Amphiroa fragilissima, p. 26.*

e.   *Amphiroa tribulus, p. 26.*

f.   *Amphiroa cuspidata, p. 26.*

g.   *Galaxaura lapidescens, p. 21.*

h.   *Cymopolia rosarium, p. 25.*

H.   Deux articulations grossies.

H 1.   Un œuf.

H 2.   Un ovaire.

H 3.   Polypes et ovaires sortis d'une
cellule.

Pʟ. 22.

Fɪɢ. 1.   *Galaxaura oblongata, p. 20.*

2.   *Galaxaura obtusata, p. 21.*

3.   *Galaxaura rugosa, p. 21.*

4.   *Galaxaura cylindrica, p. 22.*

5.   *Galaxaura fruticulosa, p. 22.*

6.   *Galaxaura marginata, p. 21.*

7.   *Galaxaura indurata, p. 22.*

8.   *Galaxaura lichenoïdes, p. 22.*

9.   *Galaxaura lapidescens, p. 21.*

Pʟ. 23.

Fɪɢ. 1.   *Millepora truncata, p. 47.*

2.   Sommet d'un rameau grossi.

3.   Coupe longitudinale.

Fɪɢ.   4. Coupe horizontale.

5. Polype dans sa cellule.

6. Polype sortant de sa cellule.

7. Opercule élevé au-dessus de l'ouverture de la cellule.

8. Opercule recouvrant la cellule.

9. *Millepora decussata, p. 47.*

10. *Millepora lichenoïdes, p. 47.*

11. Petite portion du même isolée.

12. La même grossie.

13. *Millepora calcarea, p. 48.*

14. *Corallina Calvadosii, p. 25.*

15. Une articulation grossie.

Pʟ. 24.

Udotea flabellata, p. 27.

Fɪɢ. A. Dans son premier âge.

B. Offrant trois séries d'accroissement.

C. Dans toute sa croissance.

D. A tige rameuse.

Pʟ. 25.

Fɪɢ. 1. *Nesea annulata, p. 23.*

2. *Nesea phœnix, p. 22.*

3. Rameau grossi.

4. *Nesea penicillus, p. 23.*

5. *Nesea pyramidalis, p. 23.*

6. Rameau grossi.

7. *Udotea conglutinata, p. 25.*

Pʟ. 26.

Fɪɢ. 1. *Hornera frondiculata, p. 41.*

2. *Retepora cellulosa, p. 41.*

3. *Distichopora violacea, p. 46.*

4. Un rameau vu latéralement.

5. *Krusensterna verrucosa, p. 41.*
(*Fig. mal.*)

PL. 42.

Fig. 1. *Agaricia cucullata*, p. 54.

      Vu en dessus.

      2. Le même vu en dessous.

PL. 43.

Explanaria mesenterina, p. 57.

PL. 44.

Pavonia lactuca, p. 53.

PL. 45.

Fungia limacina, p. 52.

PL. 46.

Fig. 1. *Meandrina dædalea*, p. 55.

      2. Expansion lamelleuse un peu grossie.

      3. *Meandrina labyrinthica*, p. 54.

      4. Expansion lamelleuse un peu grossie.

PL. 47.

Fig. 1. *Porites clavaria*, p. 61.

      2. Étoiles grossies.

      3. *Astrea.*

      Impossible à déterminer et à décrire.

      4. *Meandrina areolata*, p. 55.

      5. Le même plus ouvert.

      6. *Astrea ananas*, p. 59.

      7. *Astrea galaxea*, p. 60.

      8. *Astrea radiata*, p. 57.

PL. 48.

Fig. 1. *Meandrina pectinata*, p. 55.

      2. *Meandrina phrygia*, p. 56.

PL. 49.

Fig. 1. *Astrea denticulata*, p. 59.

Fig. 2. *Astrea siderea*, p. 60.

      3. *Monticularia microconos*, p. 56.

PL. 50.

Fig. 1. *Astrea dipsacea*, p. 59.

      2. *Astrea abdita*, p. 59.

PL. 51.

Fig. 1. *Meandrina pectinata*, p. 55.

      2. *Meandrina gyrosa*, p. 55.

PL. 52.

Fig. 1. *Porites rosacea*, p. 61.

      2. Portion grossie du même.

PL. 53.

Fig. 1. *Astrea annularis*, p. 58.

      2. Étoiles grossies.

      3. *Astrea stellulata*, p. 58.

      4. Étoiles grossies.

      5. *Astrea faveolata*, p. 58.

      6. Étoiles grossies.

      7. *Astrea pleïades*, p. 58.

      8. Étoiles grossies.

PL. 54.

Fig. 1. *Spongia cellulosa*, p. 29.

      2. Cavité alvéolaire un peu grossie.

      3. *Porites reticulata*, p. 60.

      5. Étoile garnie de ses lamelles.

      4. Étoile sans lamelles.

PL. 55.

Fig. 1. *Astrea rotulosa*, p. 58.

      2. 3. Cellules grossies.

PL. 56.

Fig. 1. *Pocillopora cærulea*, p. 62.

      2. 3. Étoiles grossies.

Fɪɢ. 3. *Naïsa reptans, p.* 16.

4. Un rameau très-grossi.

5. *Tubularia gigantea, p.* 17.

  De grandeur naturelle.

6. *Tubularia muscoïdes, p.* 17.

7. Fragment d'un rameau grossi.

8. *Telesto aurantiaca, p.* 18.

  De grandeur naturelle.

9. *Liagora articulata, p.* 19.

10. *Neomeris dumetosa, p.* 19.

11. Un individu isolé et grossi.

Pʟ. 69.

Fɪɢ. 1. *Acetabularia crenulata, p.* 20.

2. *Polyphysa aspergillosa, p.* 20.

3. Un individu isolé et un peu grossi.

4. Corps ovoïde entier et très-grossi.

5. Le même coupé transversalement.

6. Grains sphériques renfermés dans les corps ovoïdes et très-grossis.

7. *Jania micrarthrodia, p.* 23.

8. Fragment d'un rameau grossi.

9. *Jania crassa, p.* 23.

10. Fragment d'un rameau grossi.

11. 12. Rameaux et ovaires grossis du *Jania rubens, p.* 24.

13. *Corallina Cuvieri, p.* 24.

14. Fragment d'un rameau grossi.

15. *Anadyomena flabellata, p.* 31.

16. Fragment vu au microscope.

Pʟ. 70.

Fɪɢ. 1. *Plexaura flexuosa, p.* 35.

2. Extrémité d'un rameau, grossie.

3. *Eunicea mammosa, p.* 36.

4. *Mopsea verticillata, p.* 39.

5. *Adeona grisea, p.* 40.

Pʟ. 71.

Fɪɢ. 1. *Muricea spicifera, p.* 36.

2. Mamelon grossi.

3. *Muricea elongata, p.* 37.

4. Un mamelon grossi.

5. *Melitea textiformis, p.* 38.

6. *Alveolites madreporacea, p.* 46.

  Fragment vu de face et de grandeur naturelle.

7. Coupe transversale du même.

8. Fragment très-grossi.

9. *Ovulites margaritula, p.* 43.

10. Le même grossi.

11. *Ovulites elongata, p.* 43.

12. Le même grossi.

Pʟ. 72.

Fɪɢ. 1. *Ocellaria inclusa, p.* 45.

2. Étui siliceux.

3. Fragment grossi.

4. *Ocellaria nuda, p.* 45.

5. Fragment grossi (1).

6. *Reteporites digitalia, p.* 44.

7. Le même très-grossi.

8. Coupe longitudinale.

9. *Eschara lobata, p.* 40.

  Sur le *Fucus nodosus.*

10. Fragment vu à la loupe.

11. Une cellule très-grossie.

12. Fragment très-grossi coupé transversalement.

_____

(1) Cette figure est mauvaise, quoique copiée dans l'ouvrage de M. Ramond. Les pores de ce polypier sont ordinairement disposés en carrés réguliers, et non en quinconce.

Fɪɢ. 13. *Orbulites lenticulata*, *p*. 46.

Vu en dessus.

14. Le même vu en dessous.

14 a. Le même vu de profil.

15. Lignes pour indiquer la disposition des pores ou cellules.

16. Le polypier vu en dessus et très-grossi.

Pʟ. 73.

Fɪɢ. 1. 2. 3. *Diastopora foliacea*, *p*. 42.

Dans différents états.

4. Un fragment grossi.

5. *Lunulites radiata*, *p*. 44.

Vu en dessus.

6. Le même vu en dessous.

7. La fig. 5 très-grossie.

8. La fig. 6 très-grossie.

9. *Lunulites urceolata*, *p*. 44.

Vu en dessus.

10. Le même vu de profil.

11. Vu en dessous.

12. Un fragment grossi.

13. *Orbulites complanata*, *p*. 45.

14. Le même grossi.

15. Un fragment vu en dessus très-grossi.

16. Sa coupe verticale.

17. *Melobesia pustulosa*, *p*. 46.

18. Le polypier grossi.

19. *Spiropora elegans*, *p*. 47.

20. Fragment d'un rameau grossi.

21. Coupe transversale du même.

22. Fragment d'un rameau dépouillé de sa première enveloppe et très-grossi.

Pʟ. 74.

Fɪɢ. 1. 2. *Eudea clavata*, *p*. 46.

Dans différents états.

4. Extrémité grossie.

3. Fragment grossi.

5. *Tilesia distorta*, *p*. 42.

6. Fragment grossi.

7. *Hornera frondiculata*, *p*. 41.

8. Fragment d'un rameau grossi vu en dessus.

9. Le même vu en dessous.

10. *Krusensterna verrucosa*, *p*. 41.

Un fragment vu de face.

11. Le même vu par-derrière.

12. *Id.* vu de profil.

13. Un fragment grossi, couvert de protubérances poreuses.

14. *Turbinolia crispa*, *p*. 51.

15. Vu en dessus.

16. 17. Les mêmes grossis.

18. *Turbinolia sulcata*, *p*. 51.

19. Vu en dessus.

20. 21. Les mêmes grossis.

22. *Turbinolia compressa*, *p*. 51.

De grandeur naturelle.

23. Vu en dessus.

24. *Microsolena porosa*, *p*. 65.

25. Le même vu en dessus.

26. Un fragment très-grossi.

Pʟ. 75.

Fɪɢ. 1. *Favosites communis*, *p*. 66.

2. Un fragment grossi.

Fɪɢ. 3.

Fig. 3. Polype du *Lobularia digitata*, grossi, entier, hors de sa cellule, avec ses tentacules un peu épanouis quoique renfermés dans le sac membraneux qui sert d'enveloppe à l'animal.

4. Polype entièrement épanoui vu en dessus.

5. Partie inférieure d'un polype épanoui, qui semble vouloir se fixer sur la surface d'un corps.

6. Un tentacule isolé.

7. Polype contracté.

8. Coupe longitudinale d'un polype épanoui.

9. *Chenendopora fungiformis*, p. 77.

10. Un fragment de grandeur naturelle.

PL. 76.

Fig. 1. *Alcyonium cucumiforme*, p. 68.

2. *Alcyonium plexaureum*, p. 68.

3. Coupe longitudinale de l'extrémité d'un rameau.

4. Fragment d'un rameau grossi.

5. *Alcyonella stagnarum*, p. 71.
De grandeur naturelle.

6. Fragment grossi à la loupe.

7. 8. Polypes vus au microscope.

9. *Celleporaria cristata*, p. 43.
De grandeur naturelle.

10. Un fragment grossi à une forte loupe.

11. *Flustra flabelliformis* (1).

Fig. 12. Fragment grossi à la loupe.

13. Le même, dont on a enlevé une partie de la membrane supérieure.

PL. 77.

Fig. 1. *Distoma rubrum*, p. 72.

2. *Sigillina australis*, p. 73.

3. *Synoïcum Phippsii*, p. 74.

4. *Aplidium lobatum*, p. 74.

5. *Aplidium caliculatum*, p. 74.

6. *Polyclinum constellatum*, p. 75.

7. *Didemnum candidum*, p. 75.

8. *Eucaelium hospitiolum*, p. 75.

9. *Botryllus Leachii*, p. 76.

10. *Botryllus polycyclus*, p. 76.

Nota. Toutes les figures de cette planche ont été copiées dans l'ouvrage de M. de Savigny.

PL. 78.

Fig. 1. *Hallirhoa costata*, p. 72.

2. *Hallirhoa lycoperdoïdes*, p. 72.

3. *Ierea pyriformis*, p. 79.

4. *Cornularia rugosa*, p. 17.
Très-grossie.

5. *Caryophyllia truncata*, p. 85.

6. *Astrea dendroïdea*, p. 85.

7. *Turbinolia celtica*, p. 85.

8. Coupe transversale du même.

---

(1) Ce polypier n'a point été décrit dans l'ouvrage.
Fl. en forme d'éventail, fossile, épaisse, à bords entiers, composé de deux membranes, une supérieure mince, un peu translucide, divisée en alvéoles pro-

fondes, à bords irréguliers avec un oscule rond dans le centre, qui communique à une cellule en forme de carré long, très-régulier, avec des cloisons épaisses et solides, les transversales alternant entre elles, les longitudinales se prolongeant sans interruption de la base aux extrémités; grandeur, 2 à 3 centimètres; épaisseur, environ 1 millimètre.

Terrain à polypiers des environs de Caen; très-rare.

Pl. 79.

Fig. 1. *Hippalimus fungoïdes*, *p*. 77.

2. 3. *Lymnorea mamillosa*, *p*. 77.

4. Le même vu en dessous.

5. *Pelagia clypeata*, *p*. 78.
Vu en dessus.

6. Le même vu en dessous.

7. Le même vu de côté.

8. *Montlivaltia caryophyllata*, *p*. 78.

9. Le même isolé.

10. Le même coupé transversalement, et dont la cavité est entièrement remplie de chaux carbonatée cristallisée.

11. Isaure fixée, de Savigny.

12. Différentes coupes d'un individu grossi.

13. *Idmonea triquetra*, *p*. 80.

14. Surface lisse du même.

15. Fragment d'un rameau grossi.

Pl. 80.

Fig. 1. *Berenicea prominens*, *p*. 80.
De grandeur naturelle, sur une plante marine.

2. Un fragment fortement grossi à la loupe.

3. *Berenicea diluviana*, *p*. 81.
De grandeur naturelle, sur une Térébratule.

4. Un fragment fortement grossi à la loupe.

5. *Berenicea annulata*, *p*. 81.
De grandeur naturelle, sur une plante marine.

6. Un fragment fortement grossi à la loupe.

Fig. 7. *Obelia tubulifera*, *p*. 81.
De grandeur naturelle, sur une plante marine.

8. Le polypier entier, très-grossi.

9. *Entalophora cellarioïdes*, *p*. 81.

10. Fragment d'un rameau très-grossi.

11. Le même dépouillé de ses appendices.

12. *Apsendesia cristata*, *p*. 82.

13. 14. Lames presque droites, différemment contournées, grossies à la loupe.

15. *Hippothoa divaricata*, *p*. 82.
De grandeur naturelle, sur une plante marine.

16. Le polypier vu au microscope.

17. *Theonoa chlatrata*, *p*. 82.

18. Un fragment grossi.

Pl. 81.

Fig. 1. *Amphitoïtes Desmarestii*, *p*. 83.

1¹ Pied ou point d'attache.

2. Deux rameaux entiers avec leurs cils, de grandeur naturelle.

3. Fragment de tige grossi.

4. Point de réunion d'un rameau sur la branche principale, grossi.

5. Bouton gemmifère grossi.

6. *Chrysaora spinosa*, *p*. 83.

7. Fragment très-grossi.

8. *Chrysaora damaecornis*, *p*. 83.

9. Extrémité d'un rameau, grossie.

10. *Eunomia radiata*, *p*. 83.

11. Fragment d'un tube coupé longitudinalement et fortement grossi.

12. *Alecto dichotoma*, *p*. 84.
De grandeur naturelle, sur une Térébratule.

Fɪɢ. 13. Un rameau fortement grossi, vu de face ; il est coupé longitudinalement à une de ses extrémités.

14. Un fragment du même, vu de côté.

PL. 82.

Fɪɢ. 1. *Terebellaria ramosissima*, p. 84.

2. *Terebellaria antilope*, p. 84.

3. Fragment d'un rameau très-grossi.

4. *Turbinolopsis ochracea*, p. 85.

5. 6. Fragmens grossis vus dans différentes situations.

7. *Millepora dumetosa*, p. 87.

8. Un fragment de la surface grossi.

9. Rameaux du *Spiropora tetragona*, p. 85.

De grandeur naturelle.

10. Fragment d'un rameau grossi.

11. *Spiropora cespitosa*, p. 86.

12. Fragment d'un rameau grossi.

13. *Monticularia obtusata*, p. 86.

14. Un cône isolé vu à la loupe.

PL. 83.

Fɪɢ. 1. *Fungia orbulites*, p. 86.

De grandeur naturelle et vu en dessus.

Fɪɢ. 2. Le même vu en dessous.

3. Fragment de la surface supérieure grossie.

4. *Millepora macrocaula*, p. 86.

5. *Millepora pyriformis*, p. 87.

6. *Millepora conifera*, p. 87.

7. Un fragment de la surface très-grossi.

8. *Millepora corymbosa*, p. 87.

9. Fragment d'un rameau grossi.

PL. 84.

Fɪɢ. 1. 2. 3. *Spongia helvelloïdes*, p. 87.

Trois individus de formes différentes.

4. *Spongia lagenaria*, p. 88.

5. 6. *Spongia pistilliformis*, p. 88.

7. *Spongia cymosa*, p. 88.

8. 9. 10. *Spongia clavarioïdes*, p. 88.

Trois individus de formes et de grosseurs différentes.

11. *Spongia mamillifera*, p. 88.

12. 13. 14. 15. *Spongia stellata*, p. 89.

Quatre individus de différentes formes.

Nota. Toutes les Éponges de cette planche ont été figurées de grandeur naturelle.

Tab. I.

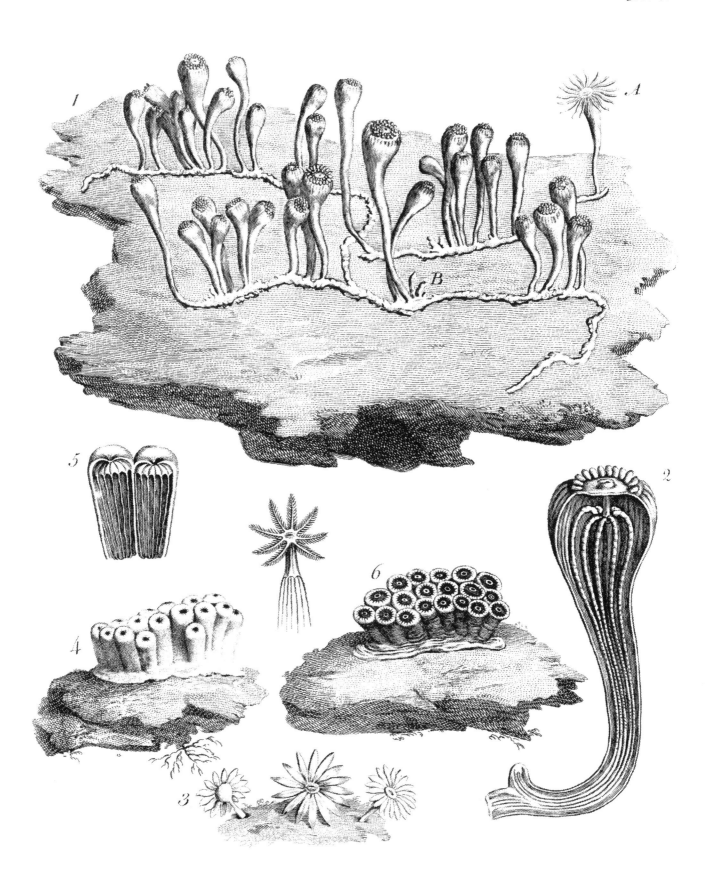

Tab. 2.

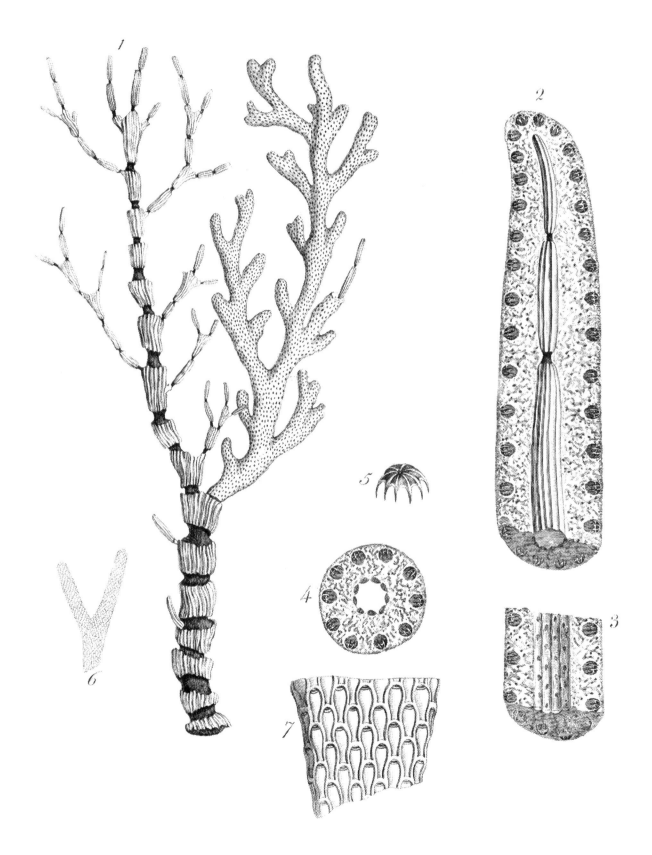

Tab. 3.

Tab. 4.

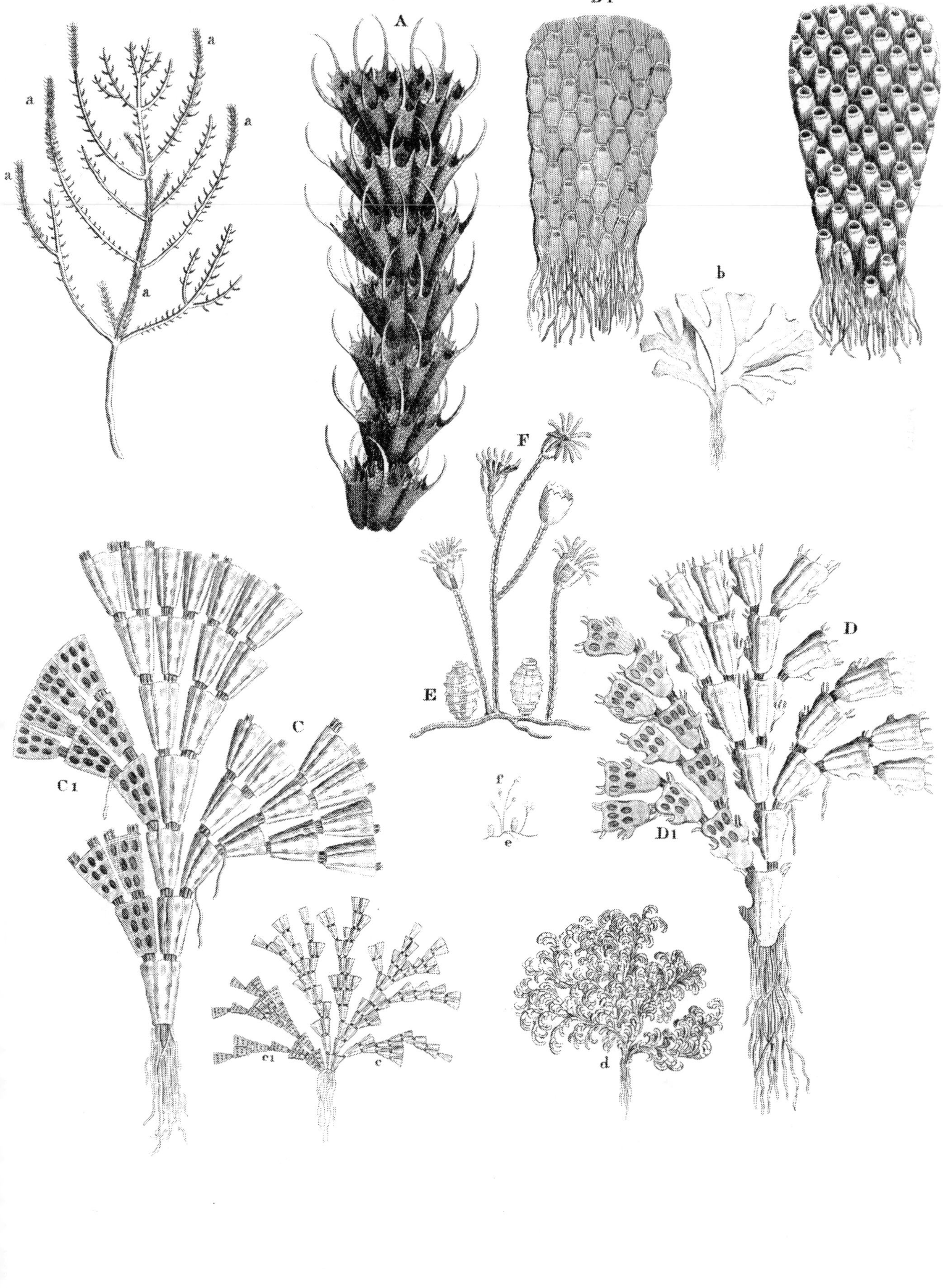

Tab. 5.

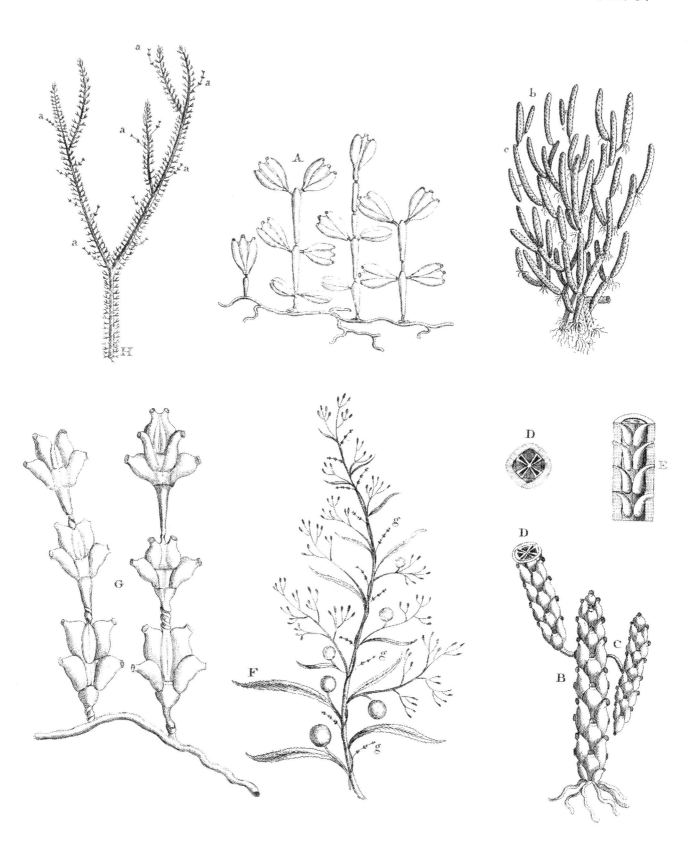

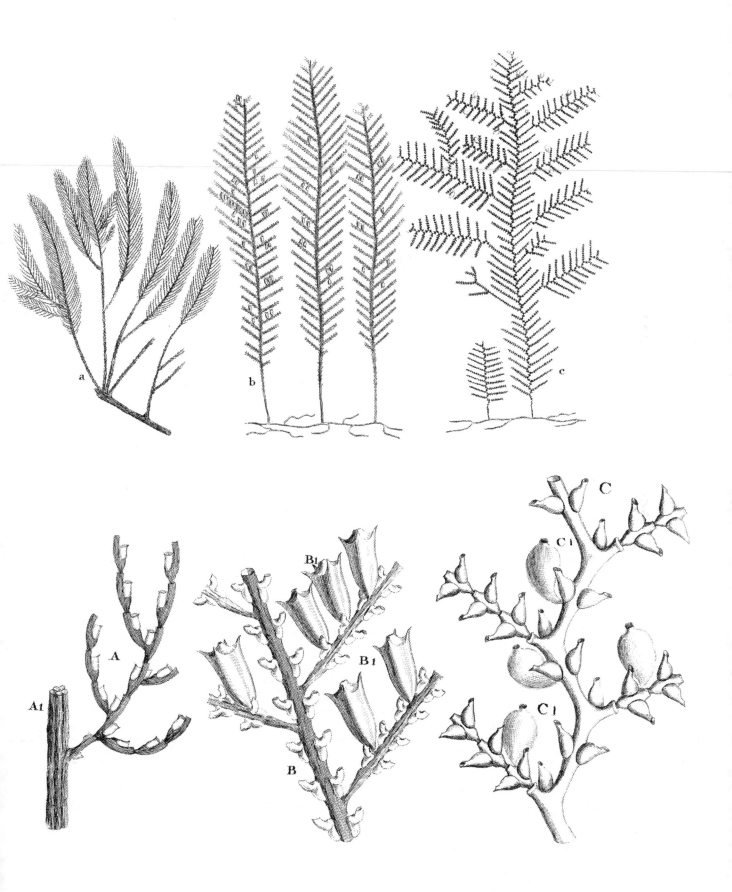

Tab. 6.

Tab. 7.

Tab. 8

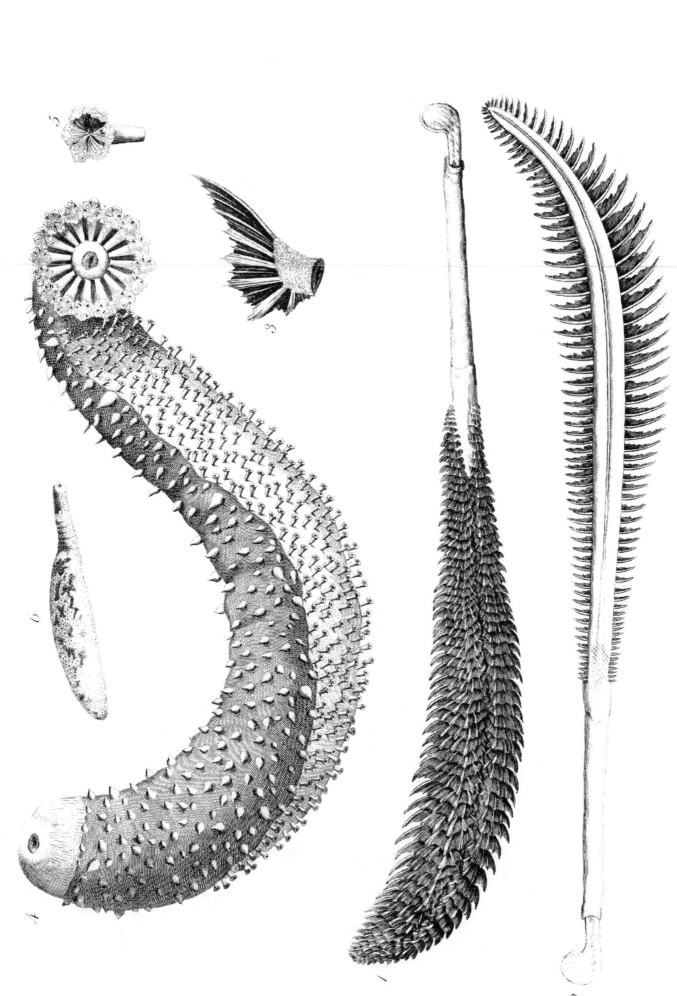

Tab. 9.

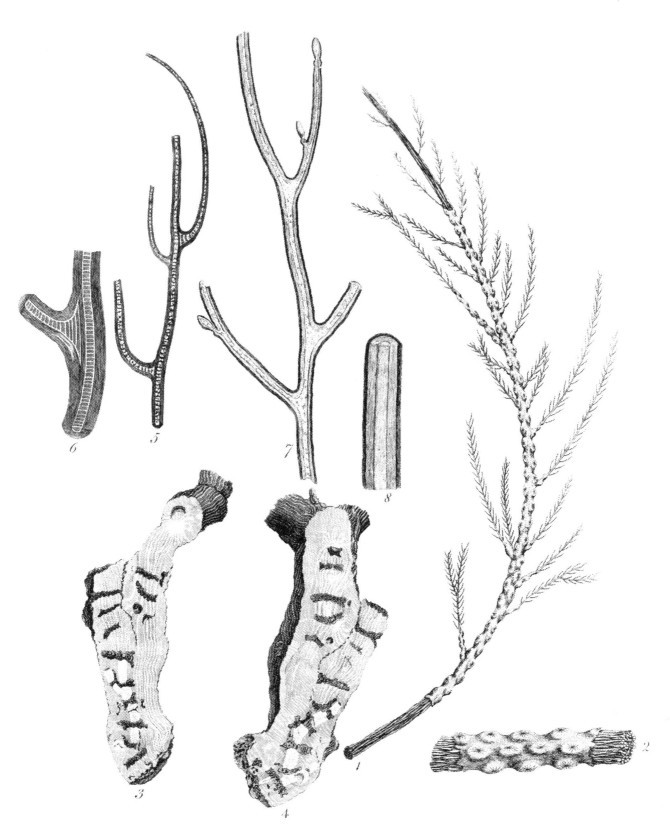

Tab. 10.

Tab. II.

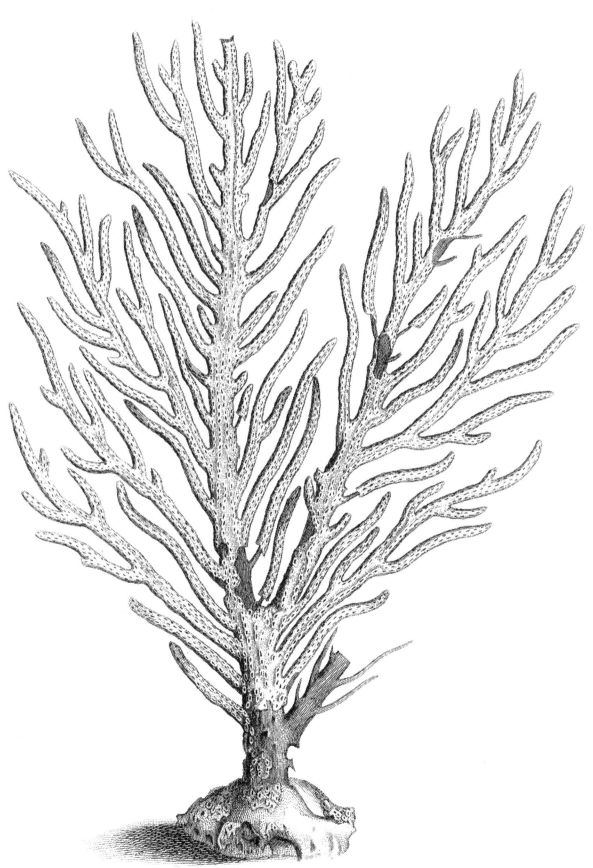

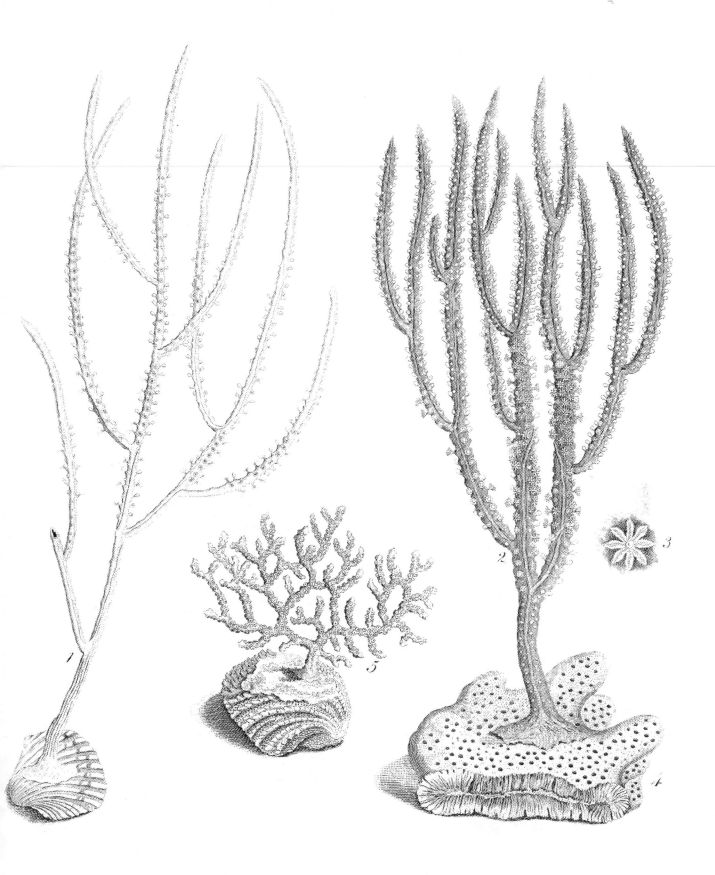

Tab. 12.

Tab. 13.

Tab. 14.

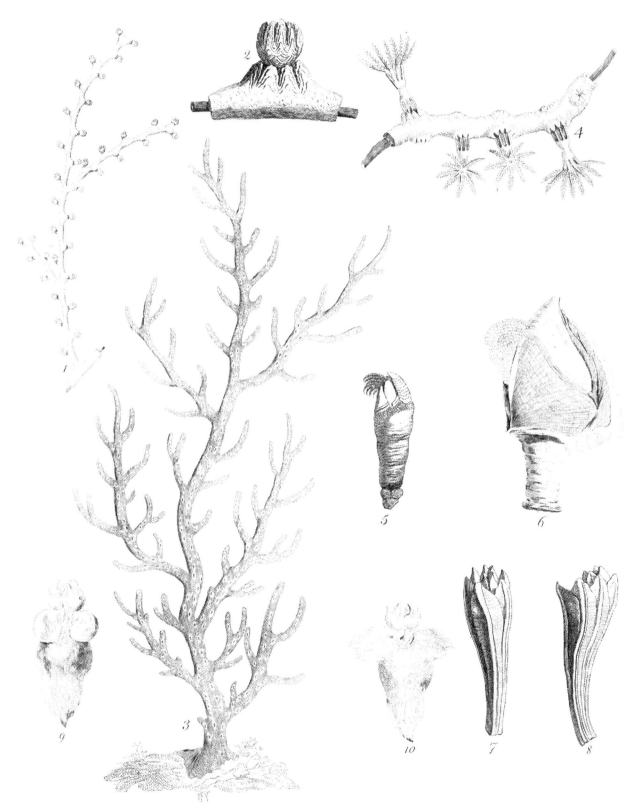

Tab. 15.

Tab. 16.

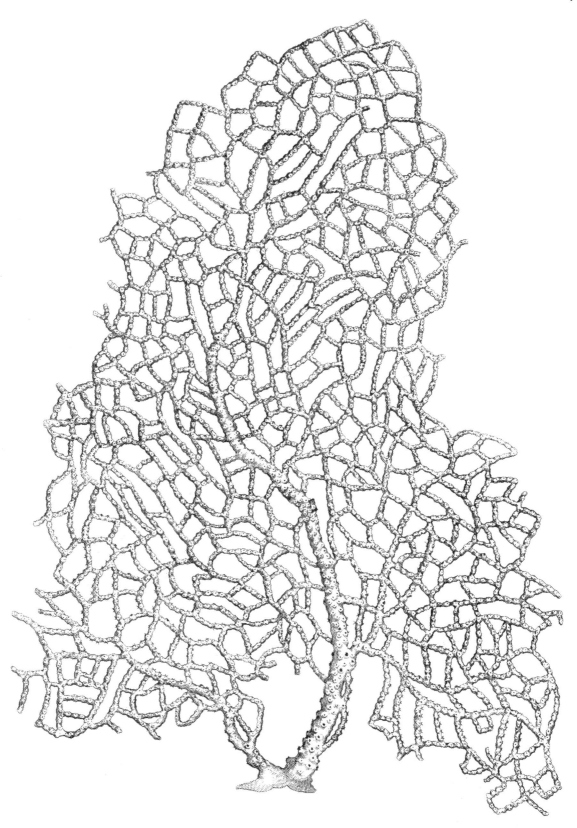

Tab 17.

Tab. 18.

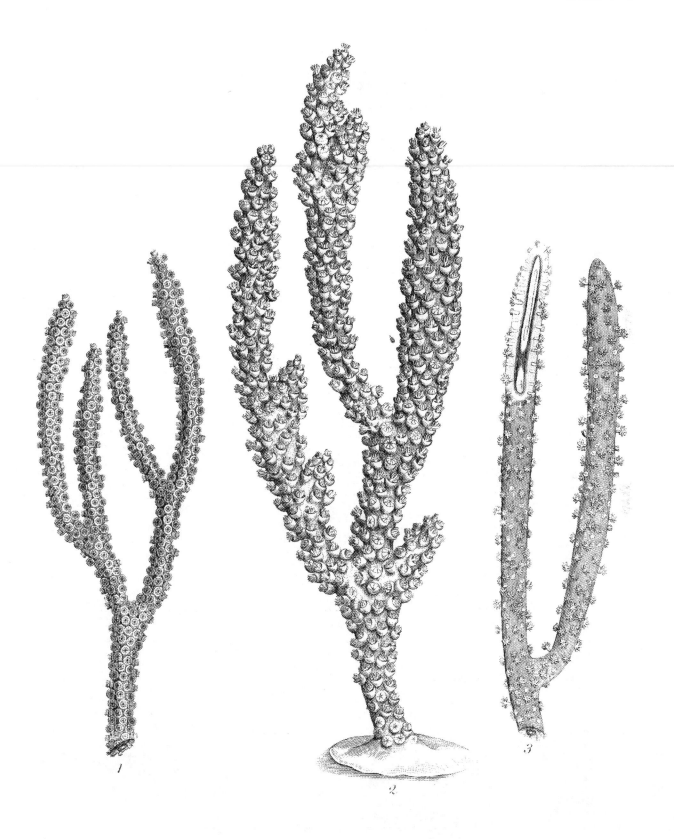

1

2

3

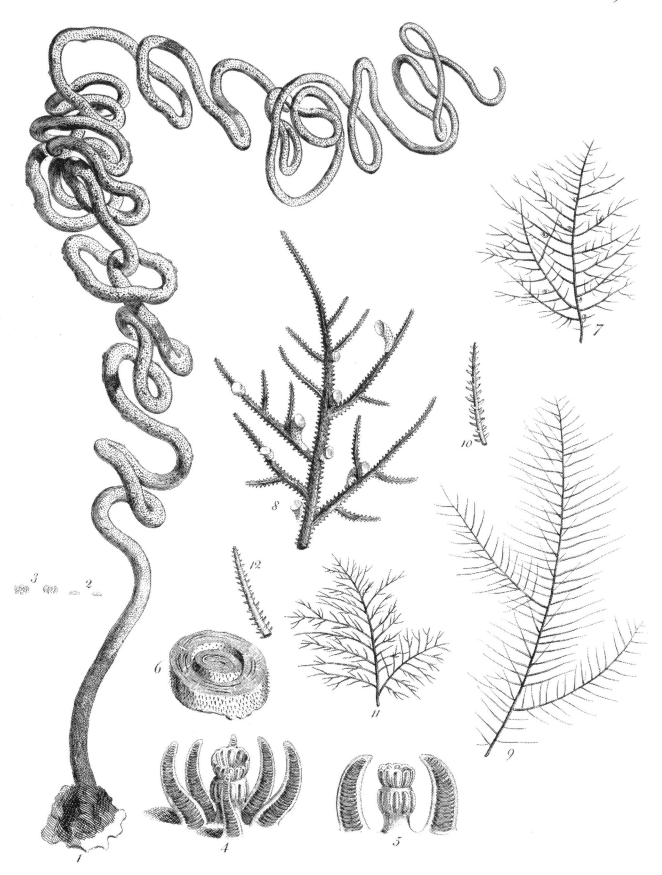

Tab. 19.

Tab. 20.

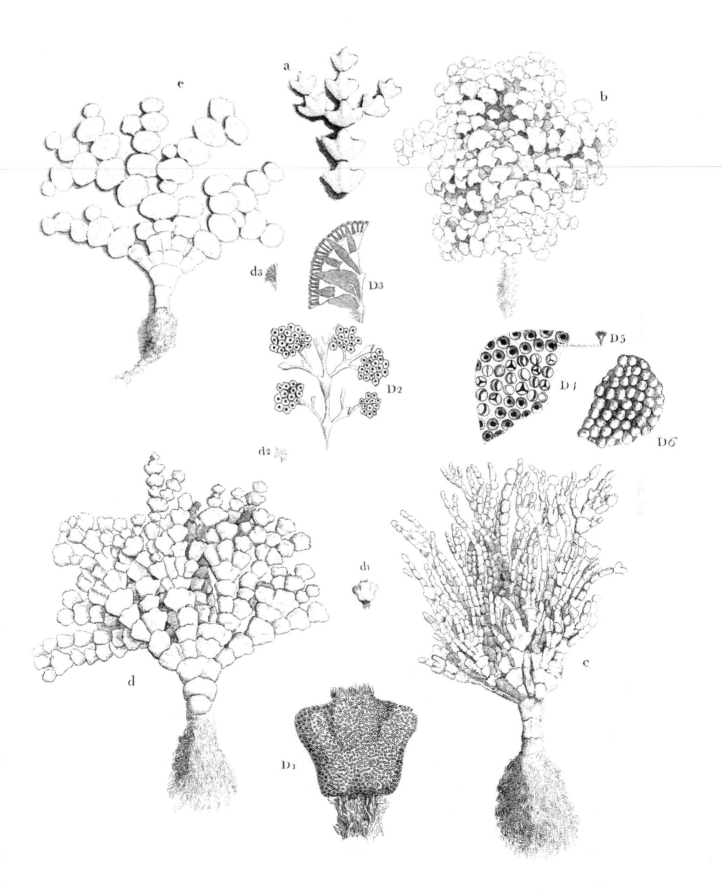

Tab. 21.

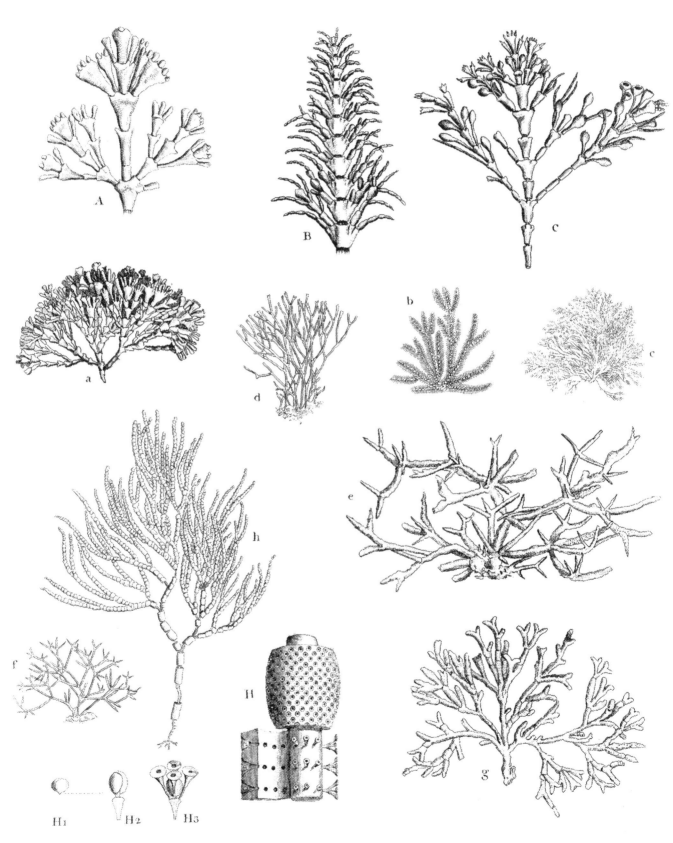

Tab. 22.

Tab. 23.

Tab. 24.

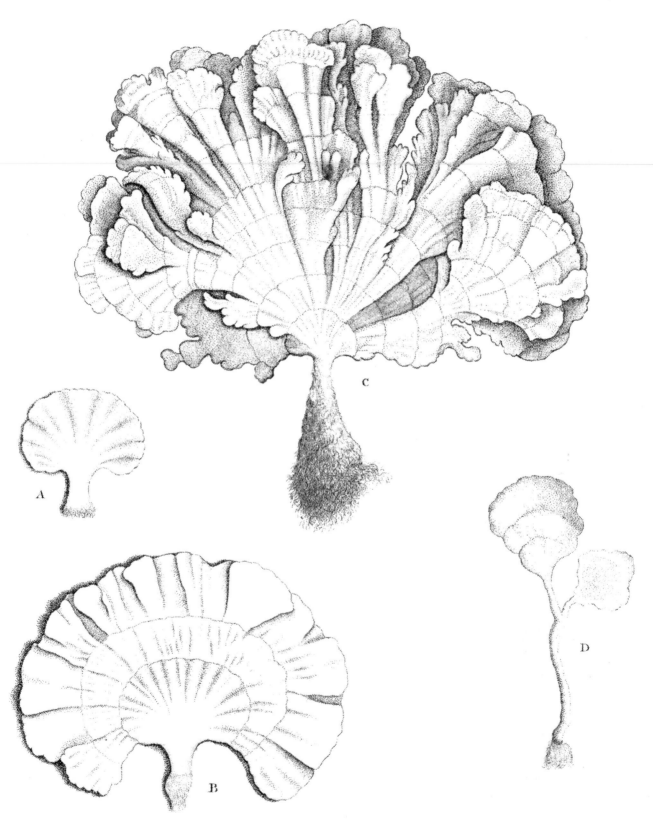

Tab. 25.

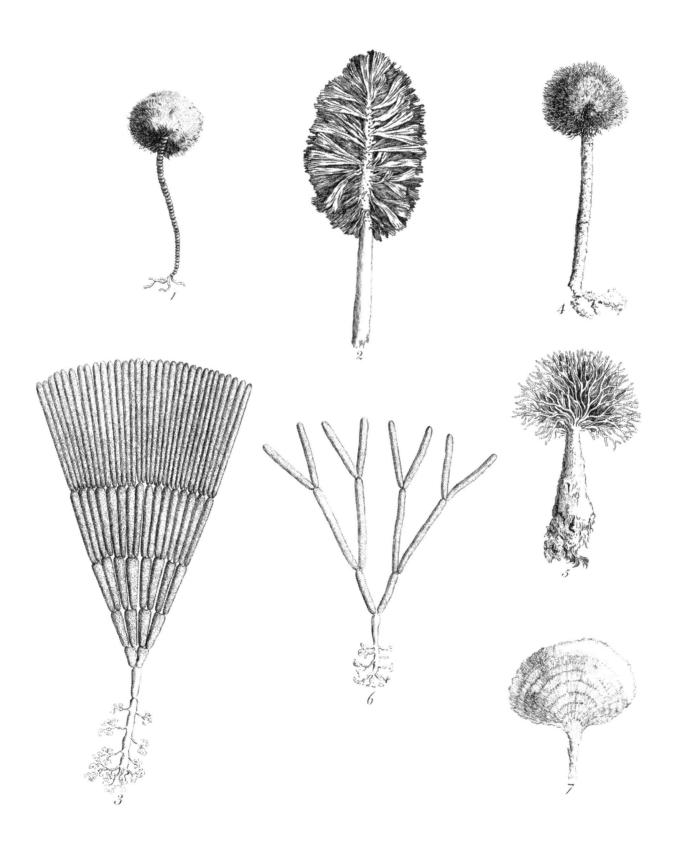

Tab. 26.

Tab. 27.

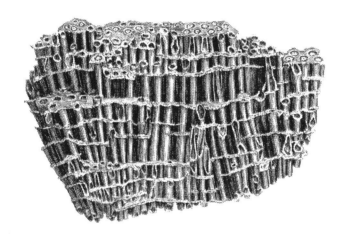

Tab. 28.

Tab. 29.

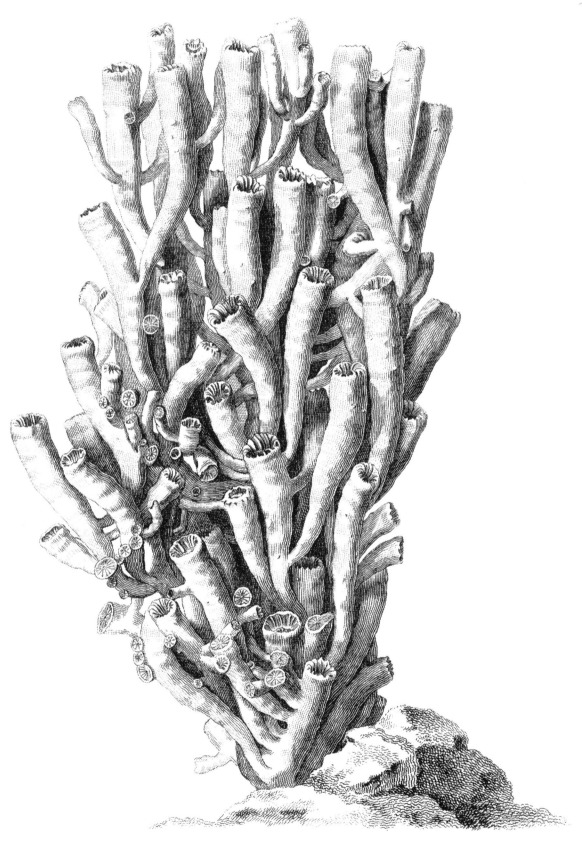

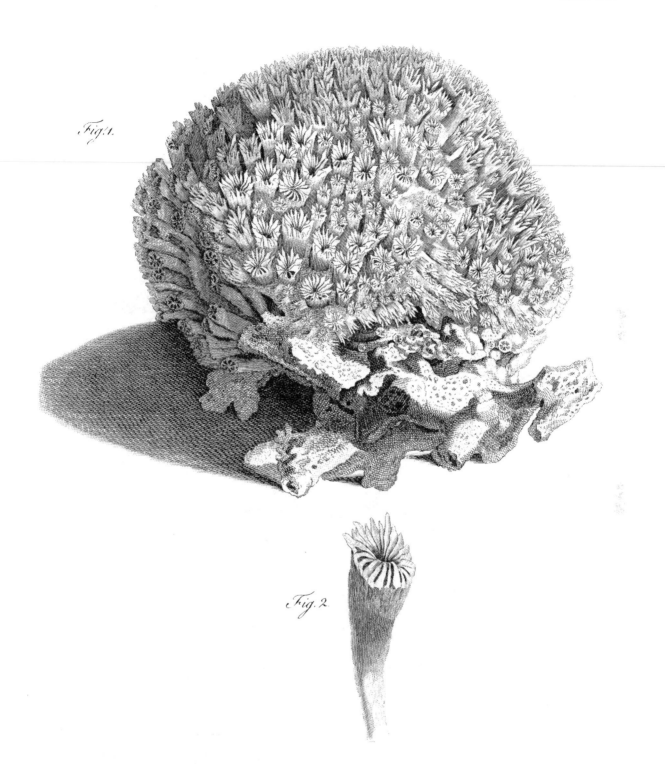

Tab. 30.

Fig. 1.

Fig. 2.

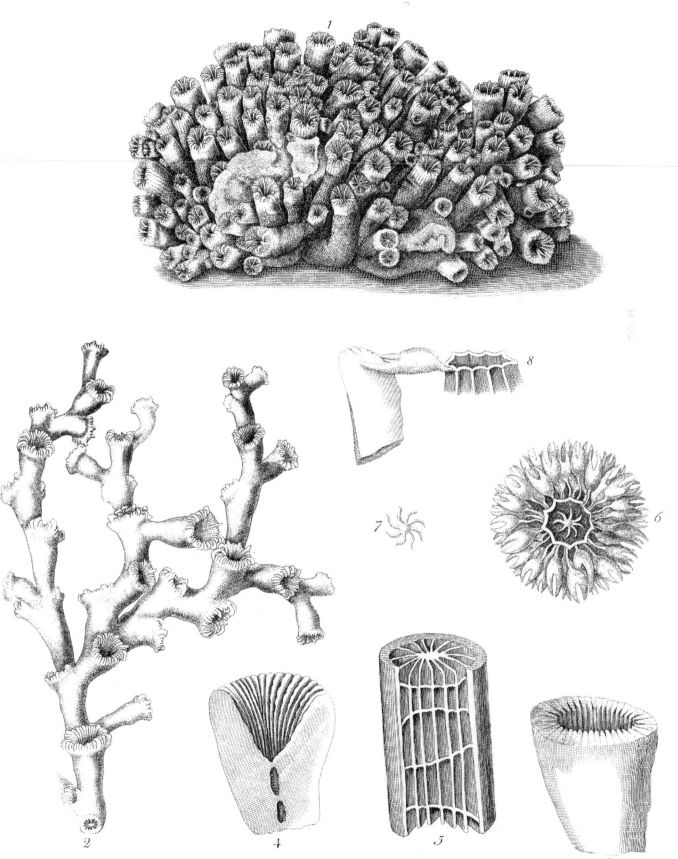

Tab. 32.

Tab. 33

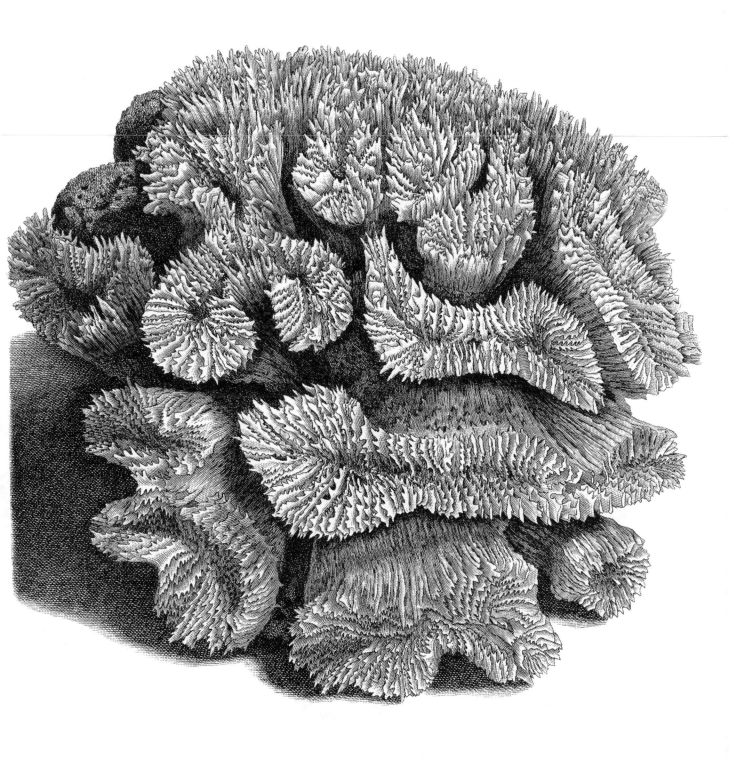

Tab. 34.

Tab. 35.

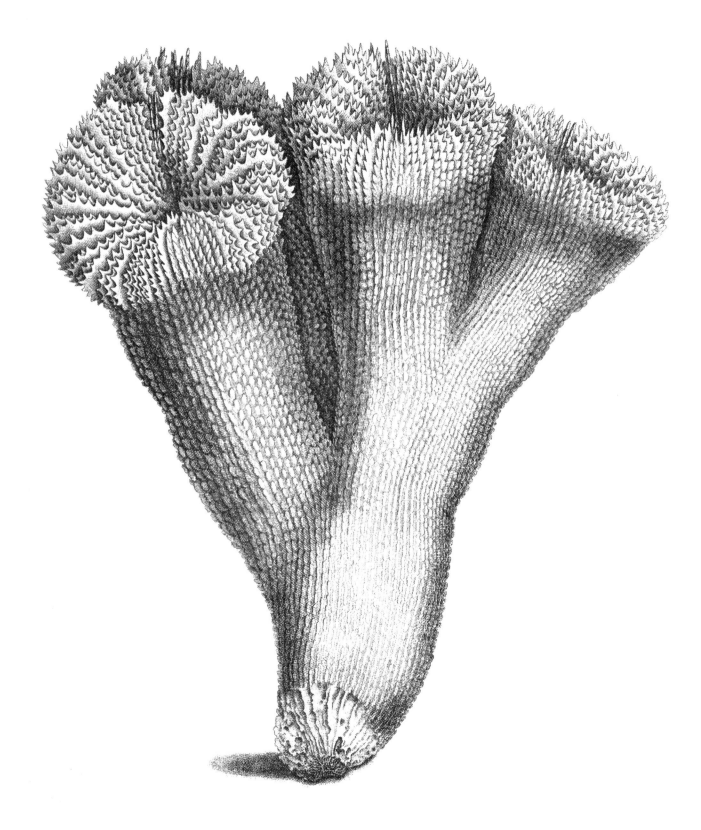

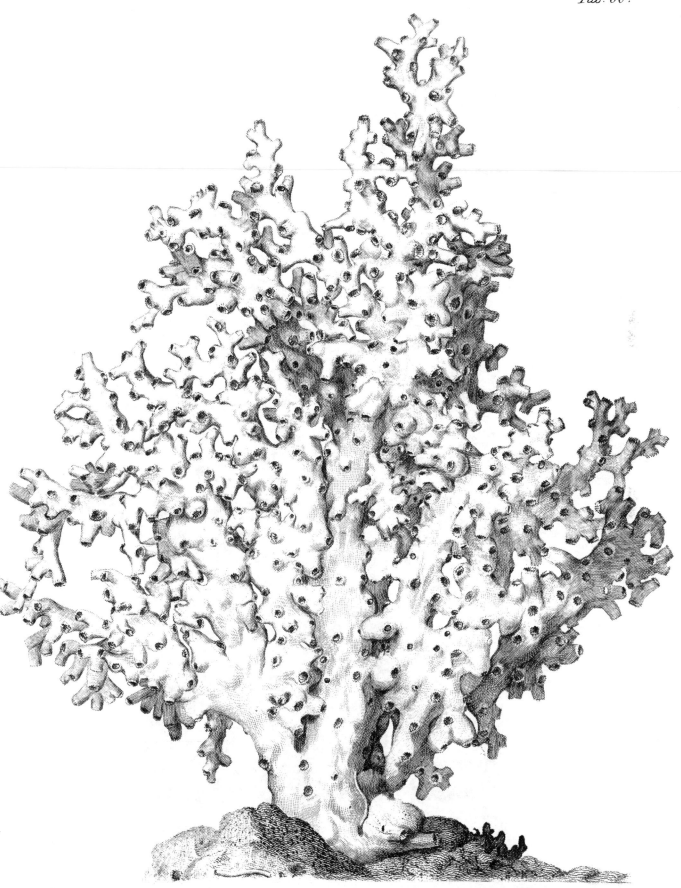

Tab. 36.

Tab. 37.

Tab. 38.

Tab. 39.

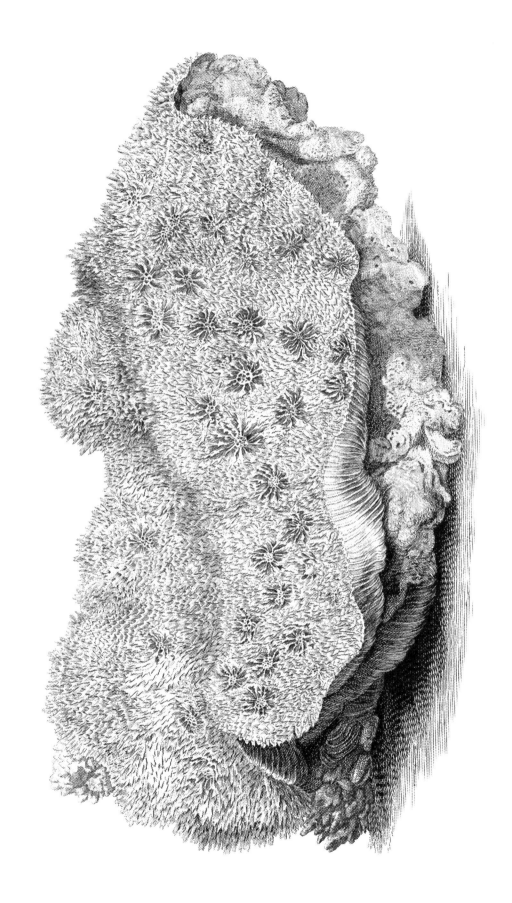

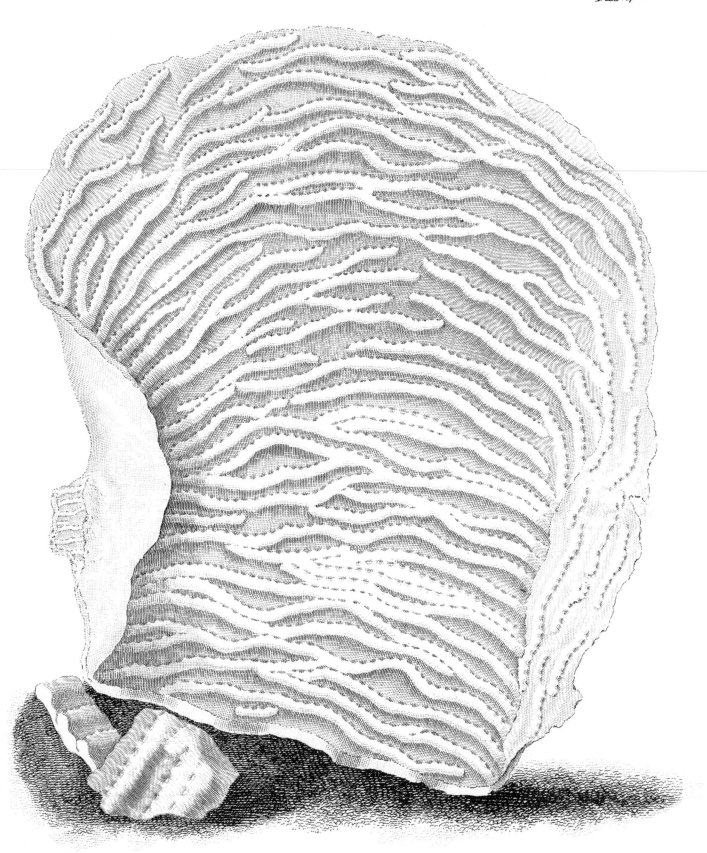

Tab. 40.

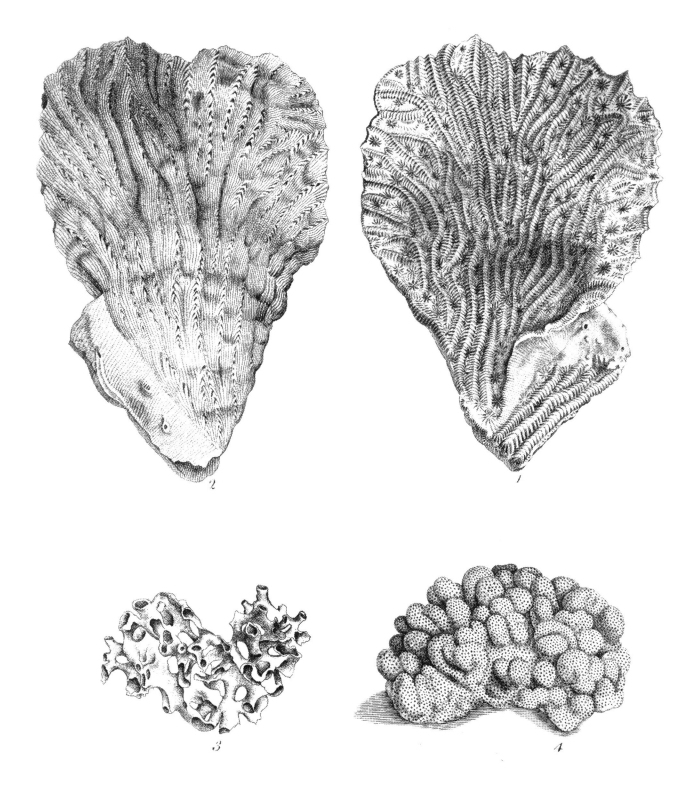

Tab. 41.

Tab. 42.

F. 1.

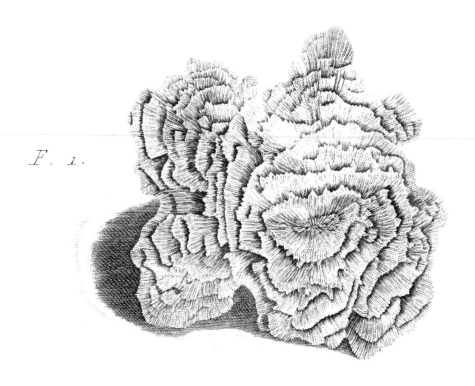

F. 2.

Tab. 44.

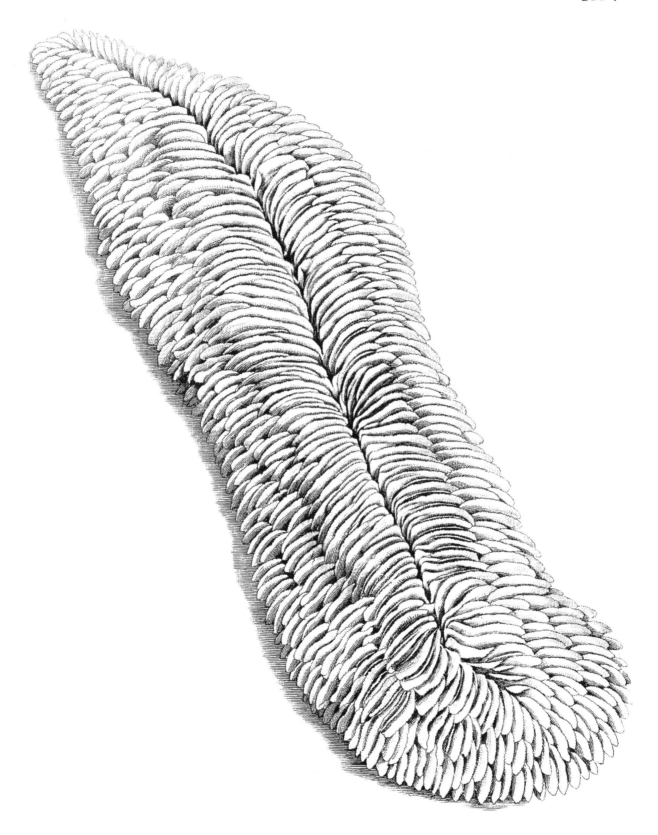

Tab. 45.

Tab. 46.

Tab. 47.

Tab. 48.

F. 1.

F. 2.

Tab. 49.

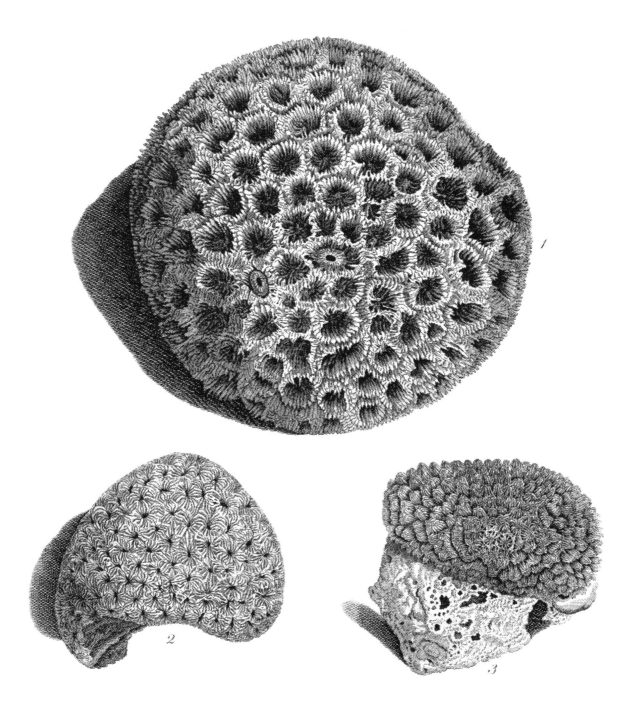

Tab. 50.

Tab. 51.

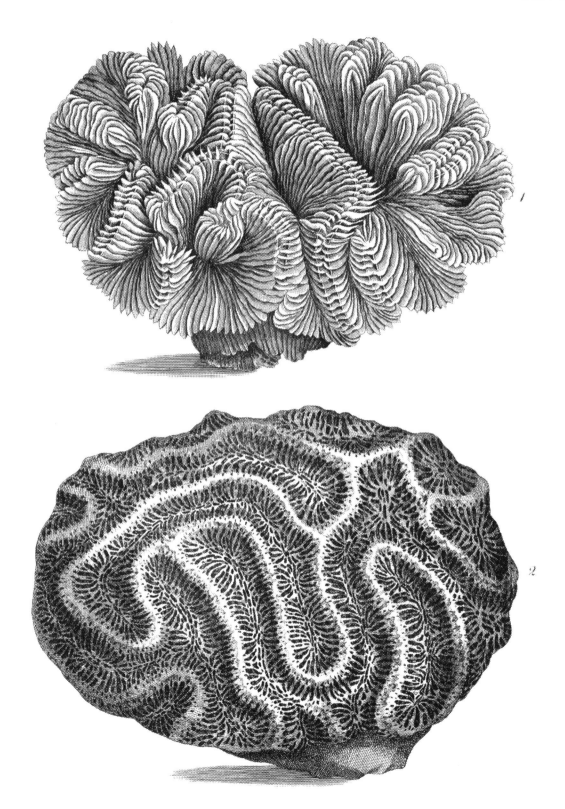

1

2

Tab. 52.

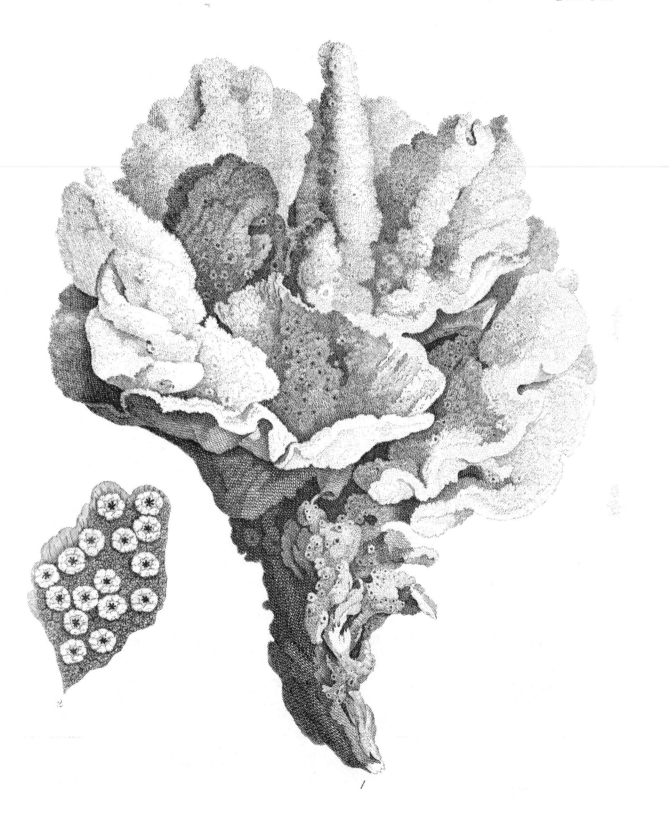

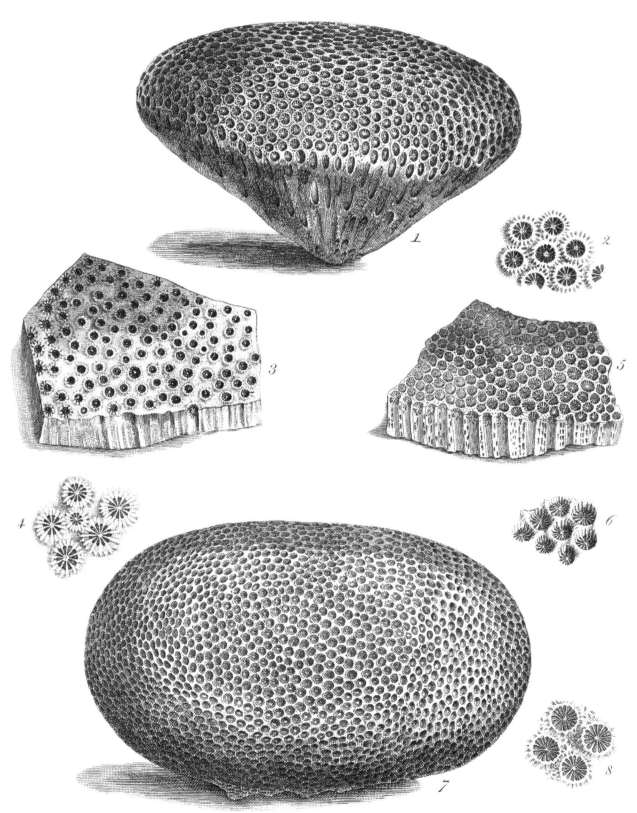

Tab. 53.

Tab. 54.

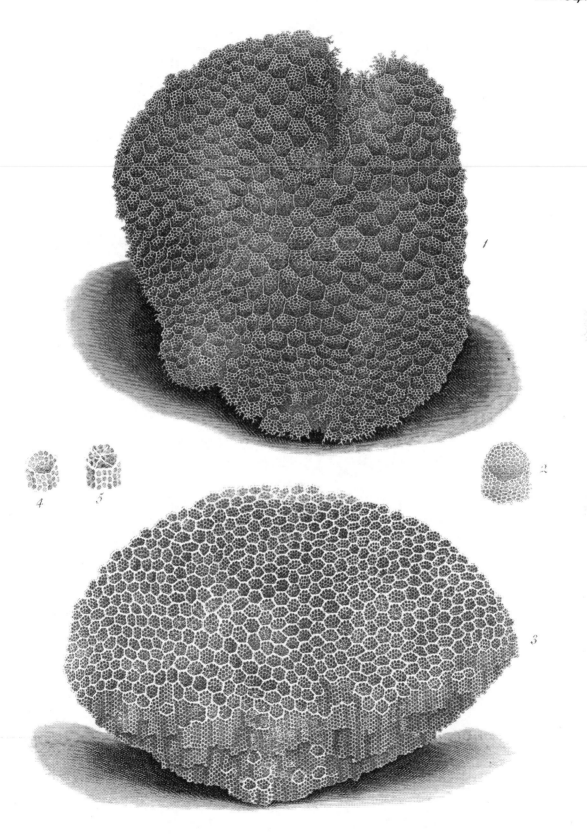

Tab. 55.

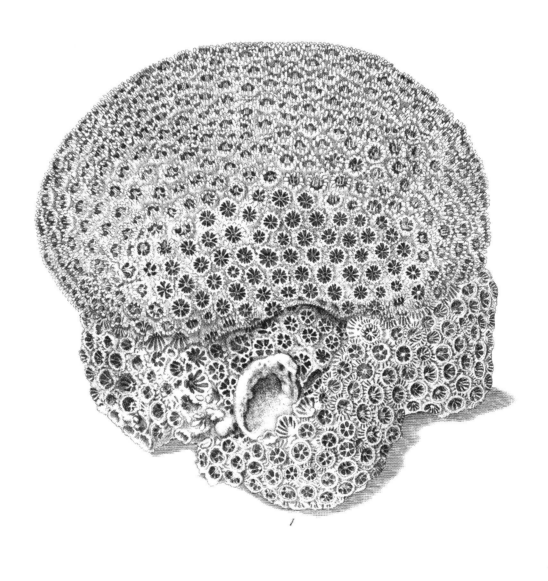

Tab. 56.

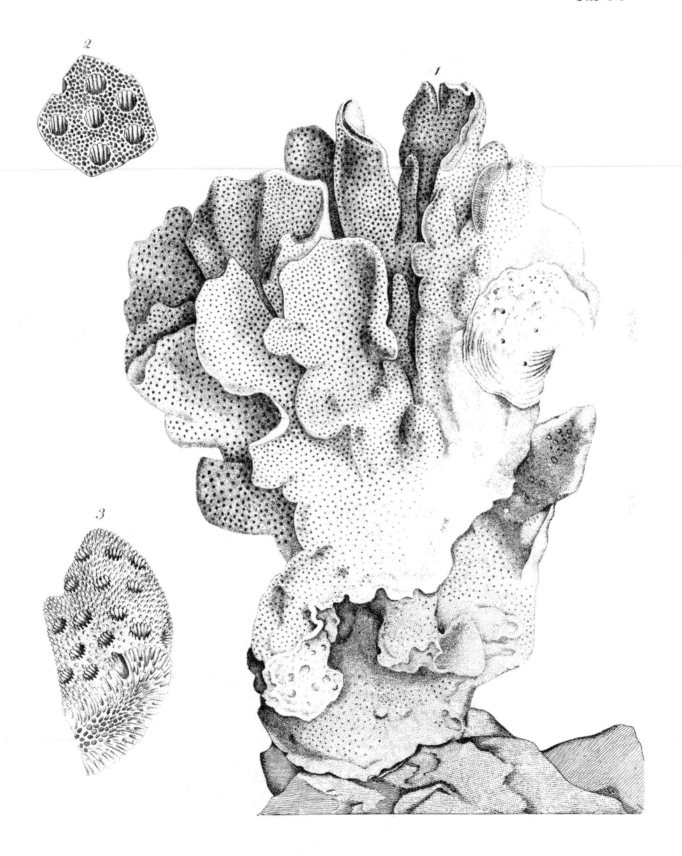

Tab. 57

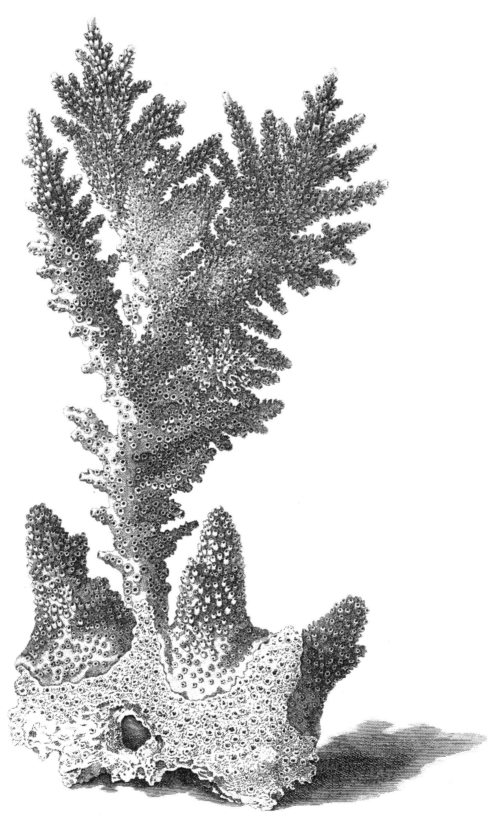

Tab. 58.

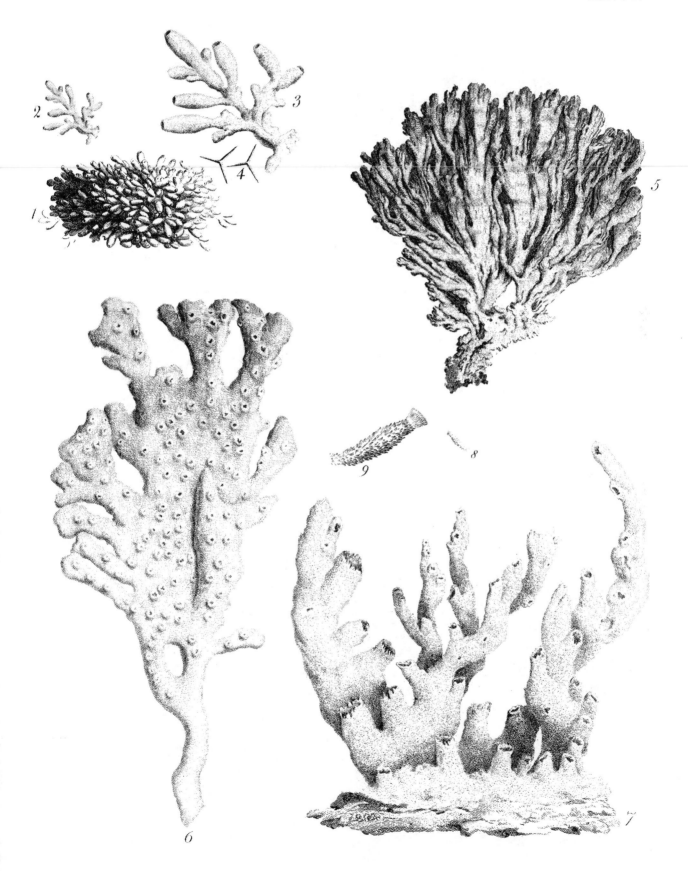

Tab. 59.

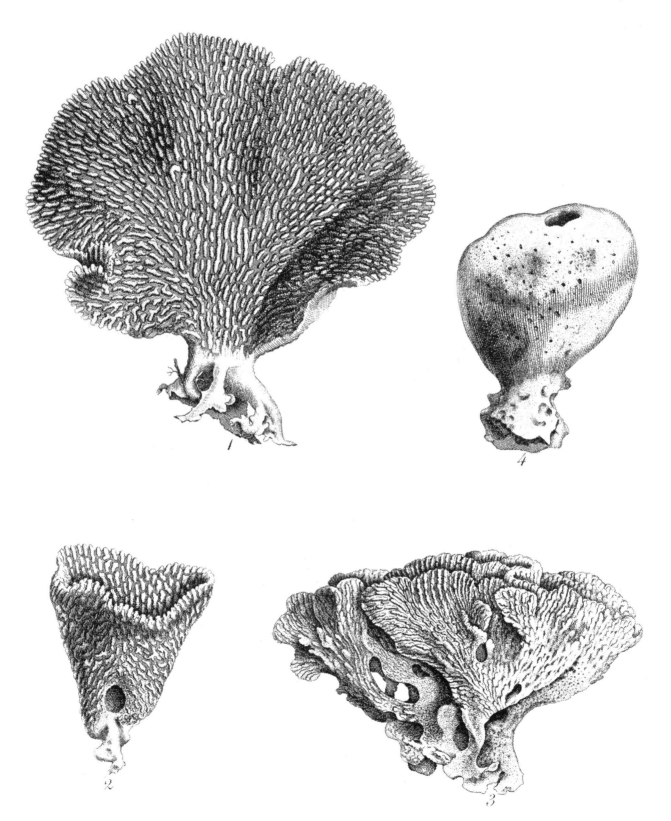

Tab. 61.

Tab. 62.

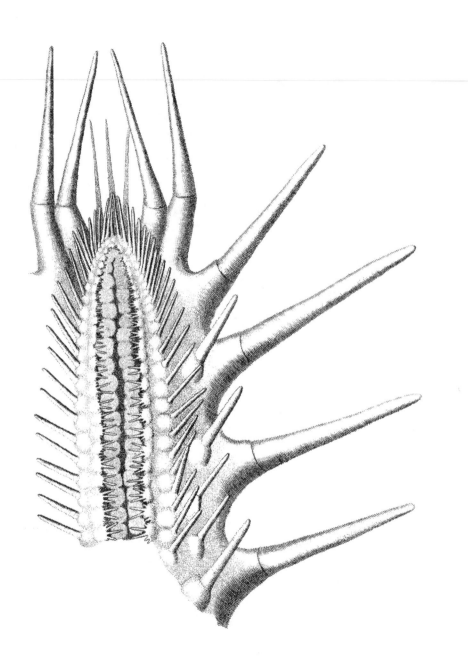

Tab. 63.

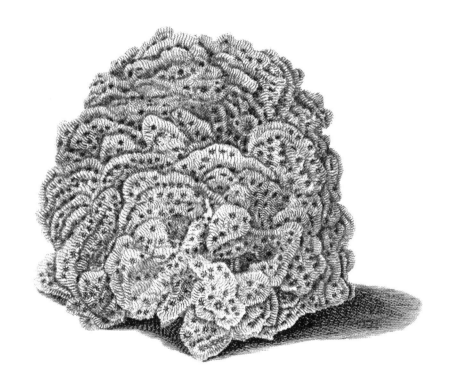

Tab. 64

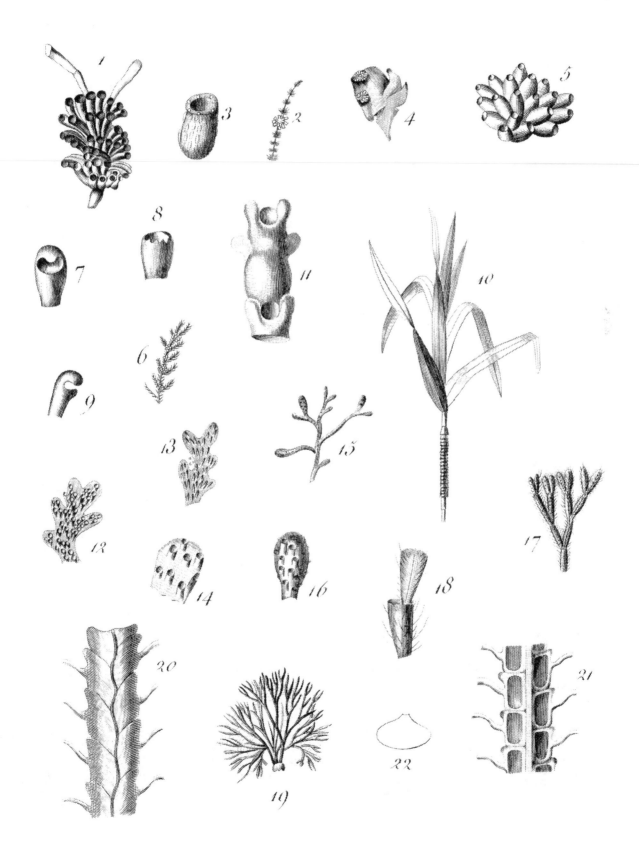

Tab. 65.

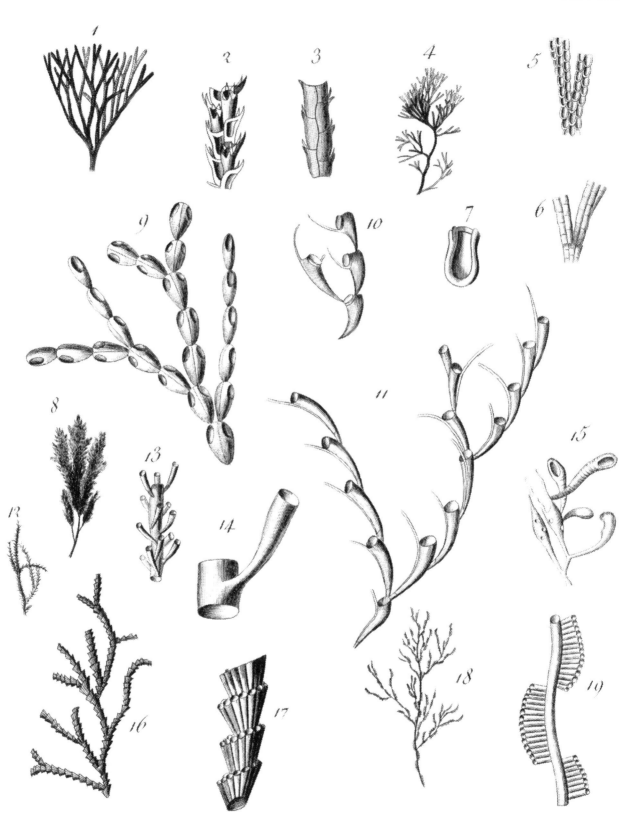

Tab. 66.

m.ᵃ del.

Barrois sculp

Tab. 67

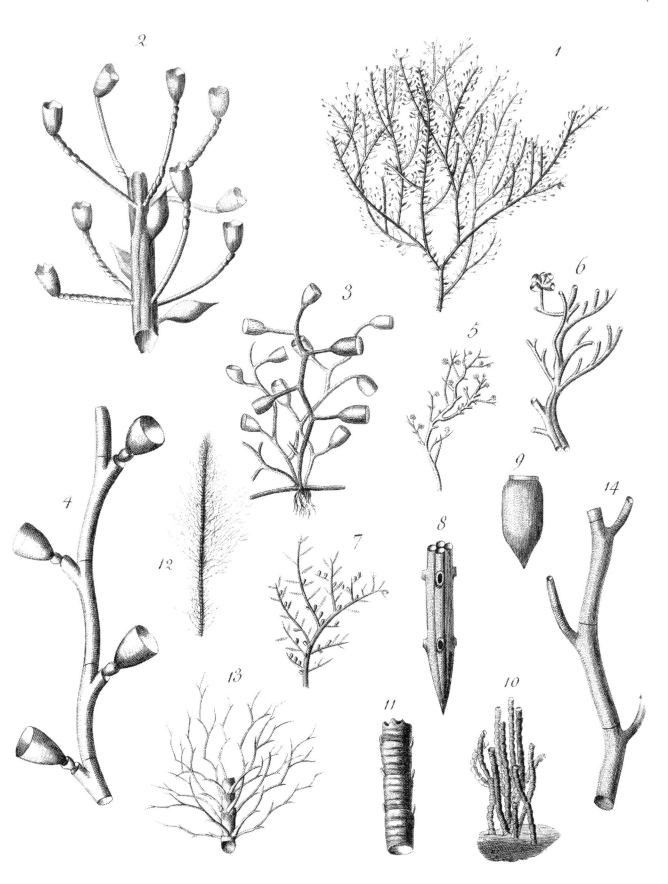

Tab. 68.

Lam.^e del.

Barrois sculp.

Tab. 69.

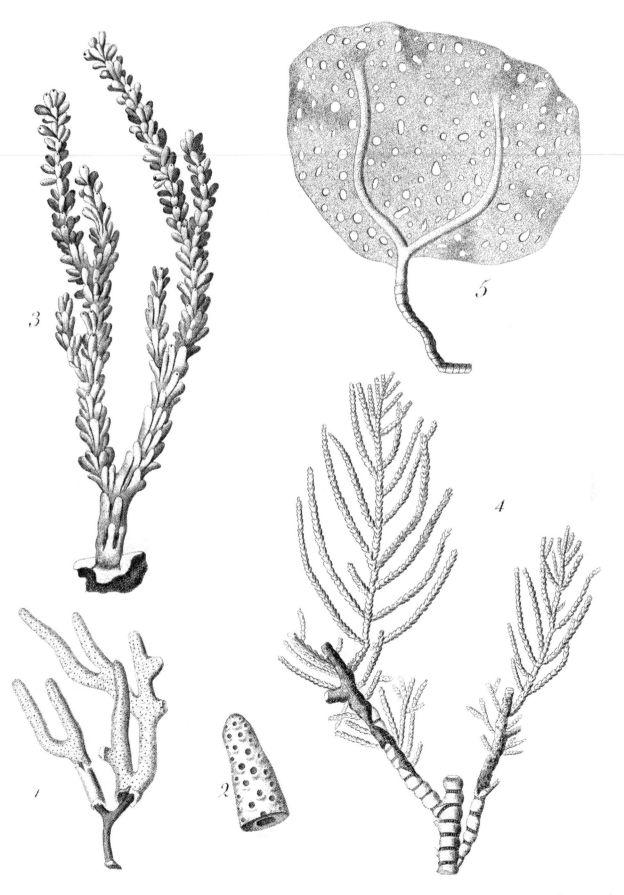

Tab. 70.

3

5

4

1

2

Tab. 71.

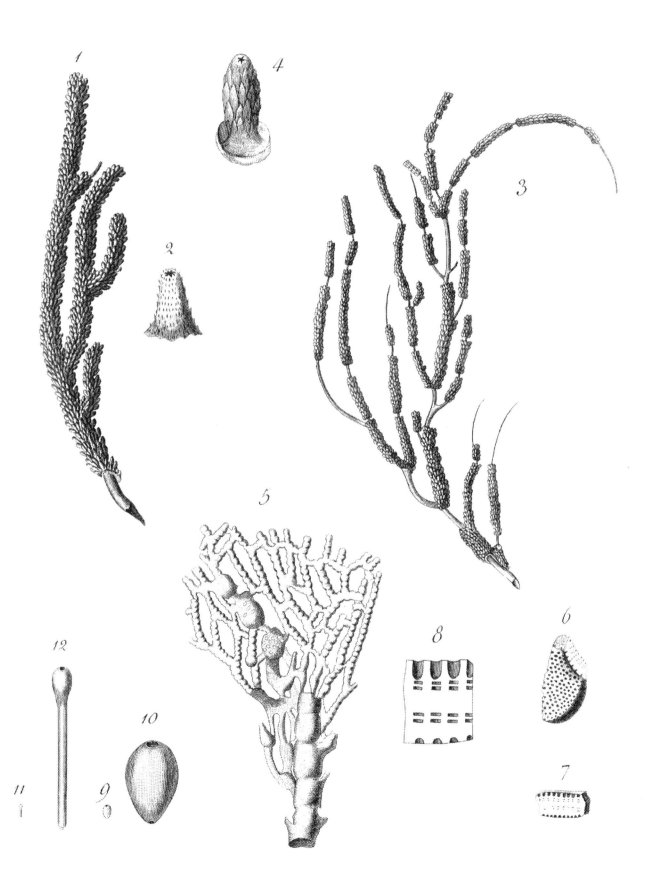

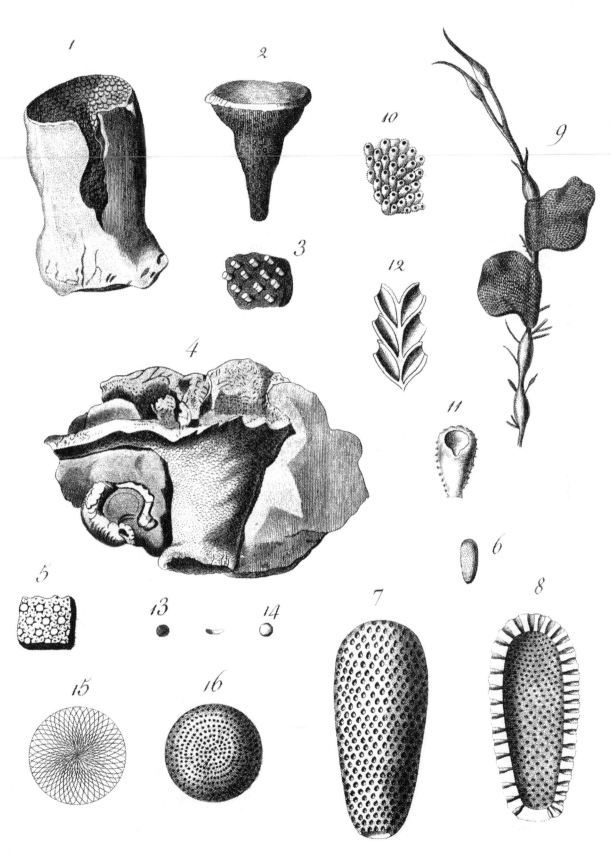

Tab. 72.

m.² del.

Barrois sculp.

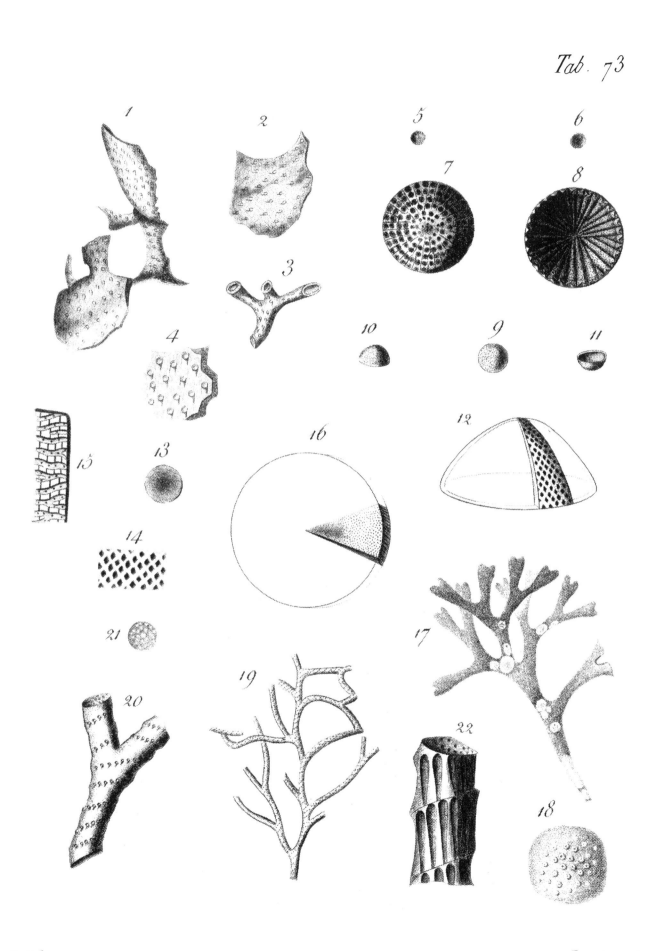

Tab. 73

Lam.⁰ del.

Barrois sculp.

Tab. 74

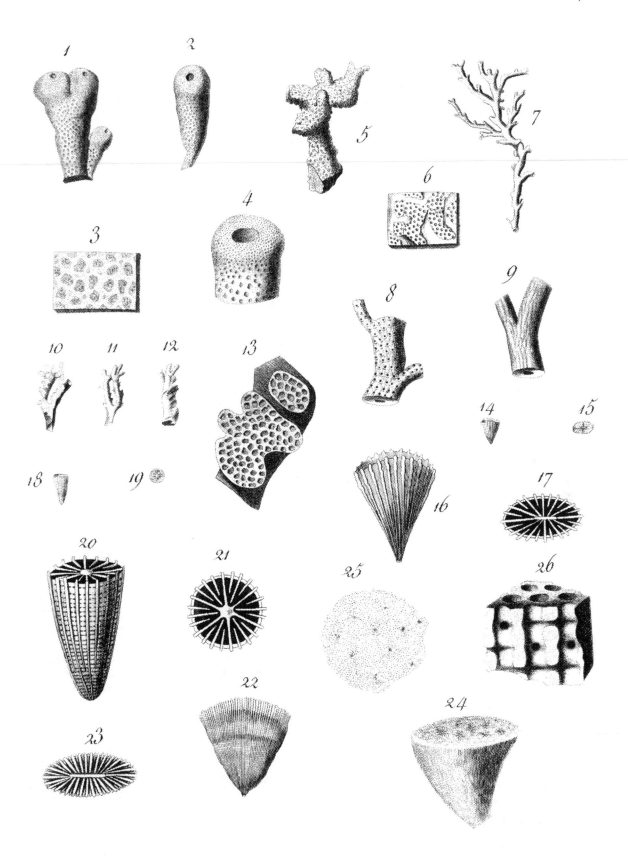

Tab. 75.

9

10

2

3

4

1

6

5

7

8

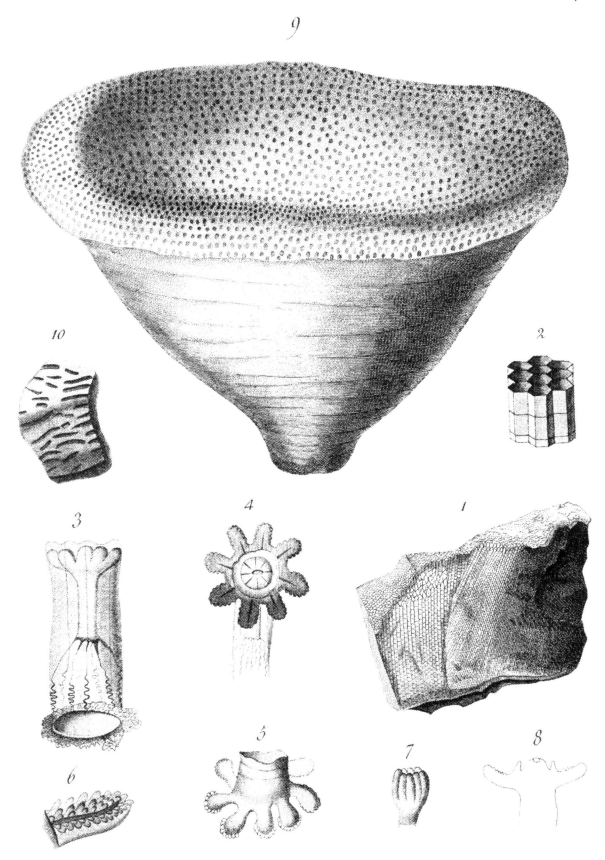

Lam.ᵃ del.

Barrois sculp.

Tab. 76

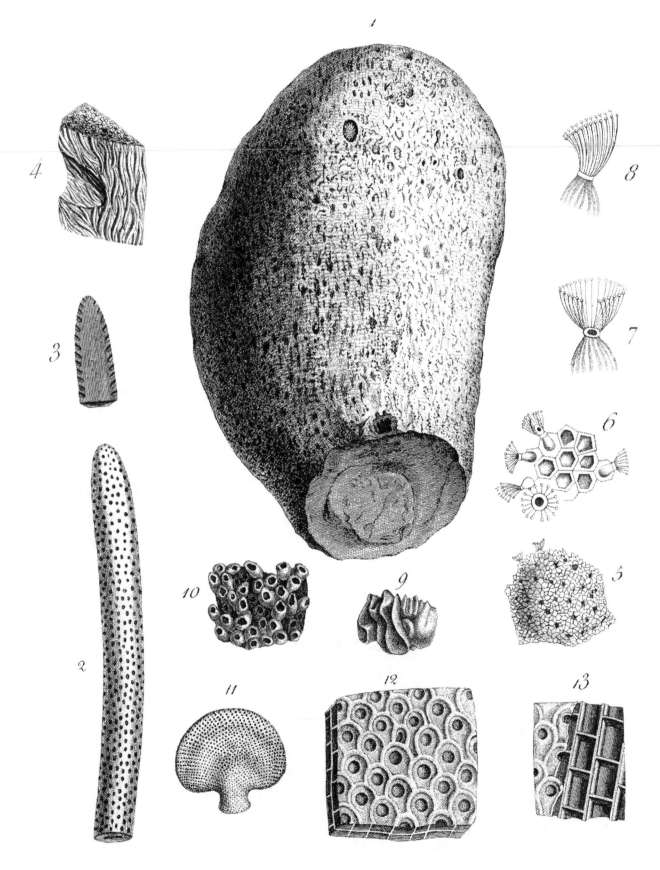

Lam.^r del.

Pierron. sculp.

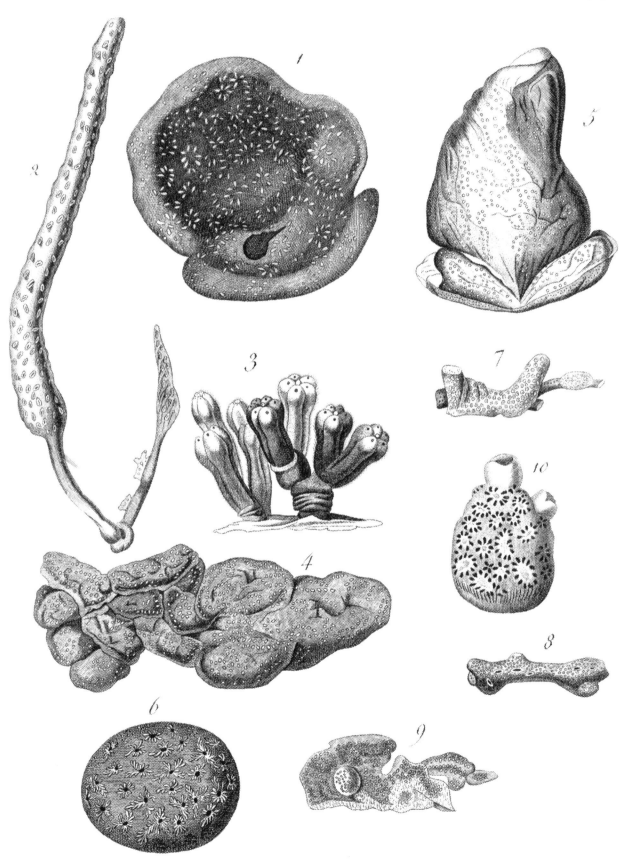

Tab. 77.

Lam.ᵈ del.

Sophie Cornu. sculp.

Tab. 78

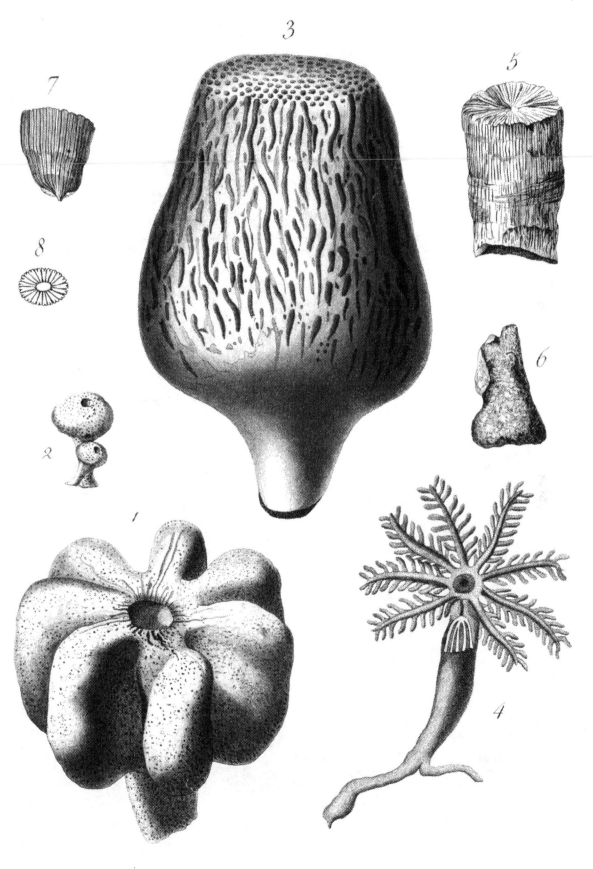

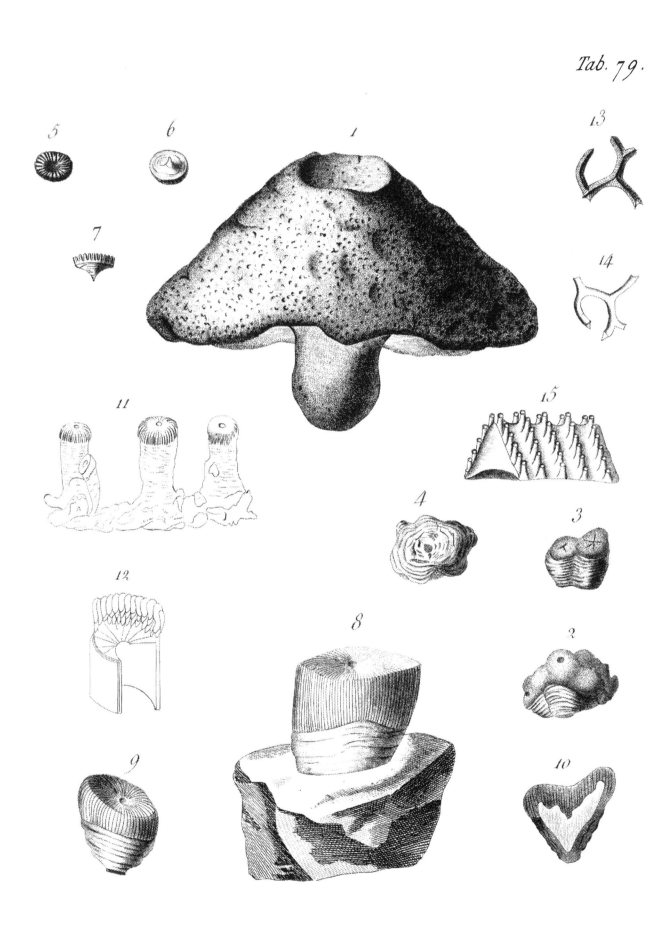

Tab. 79.

Lam.ᵃ del.

Barrois sculp.

Tab. 80

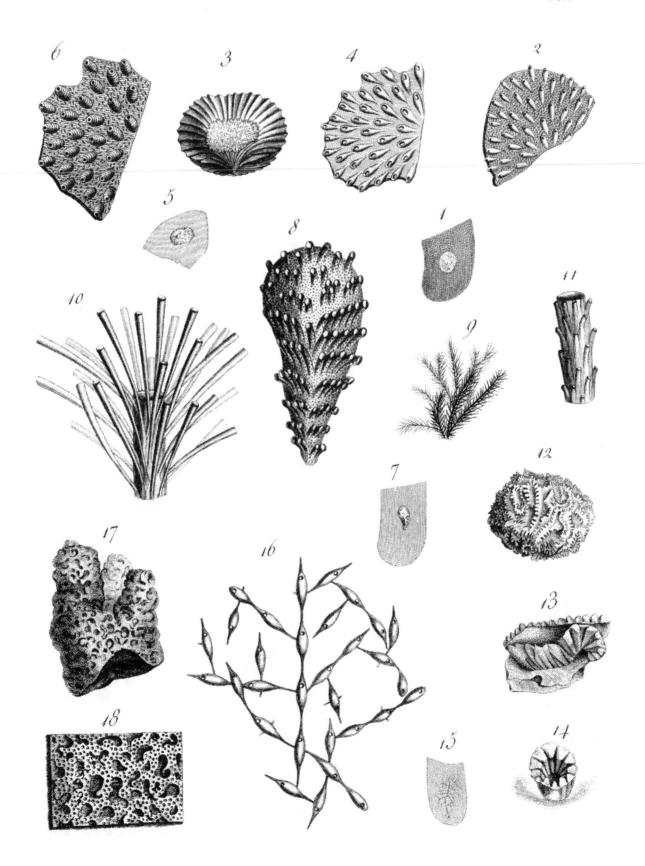

Tab. 81

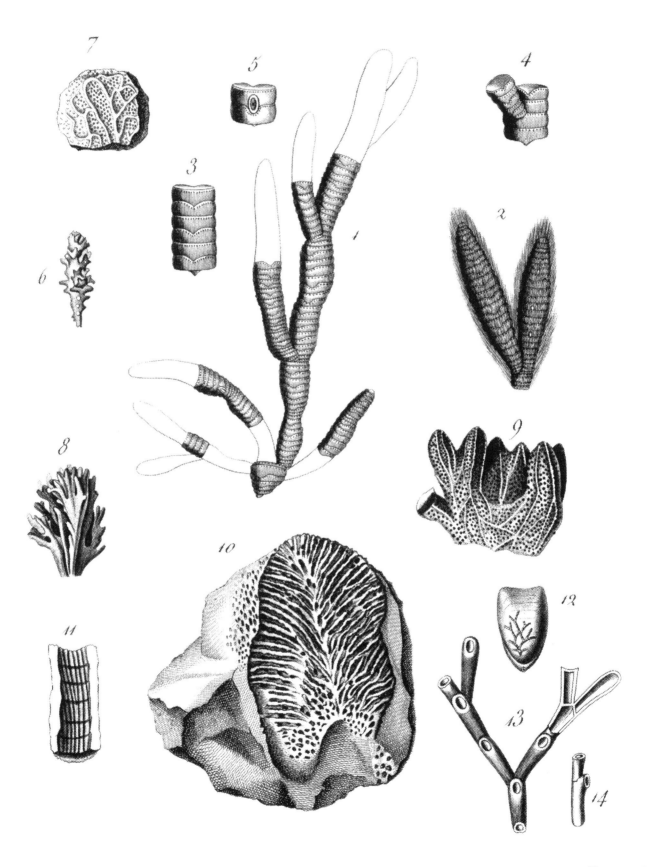

Lam.ᵉ del.

Giraud sculp.

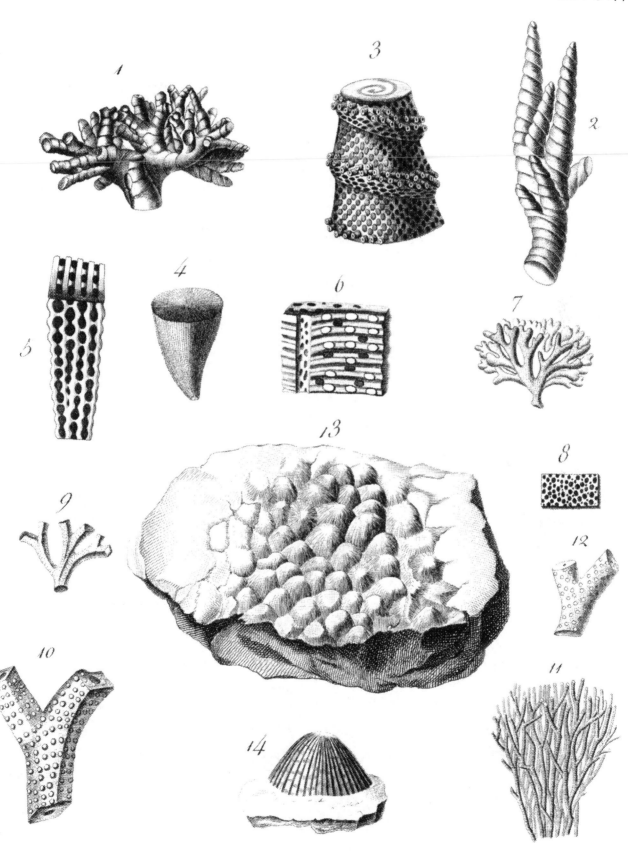

Tab. 82.

m.ᵈ del.

Louvet sculp.

Tab. 83.

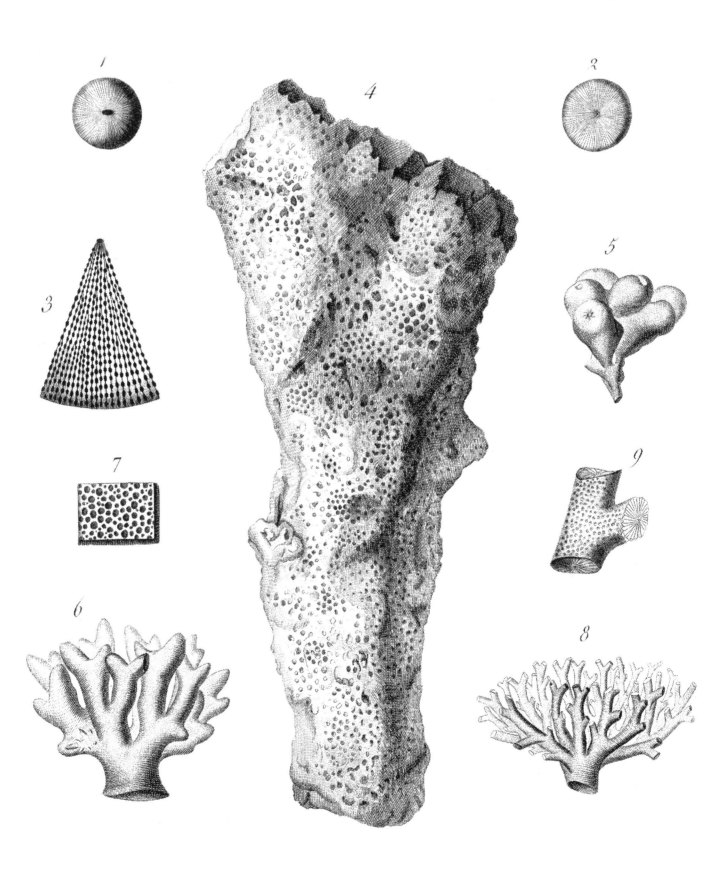

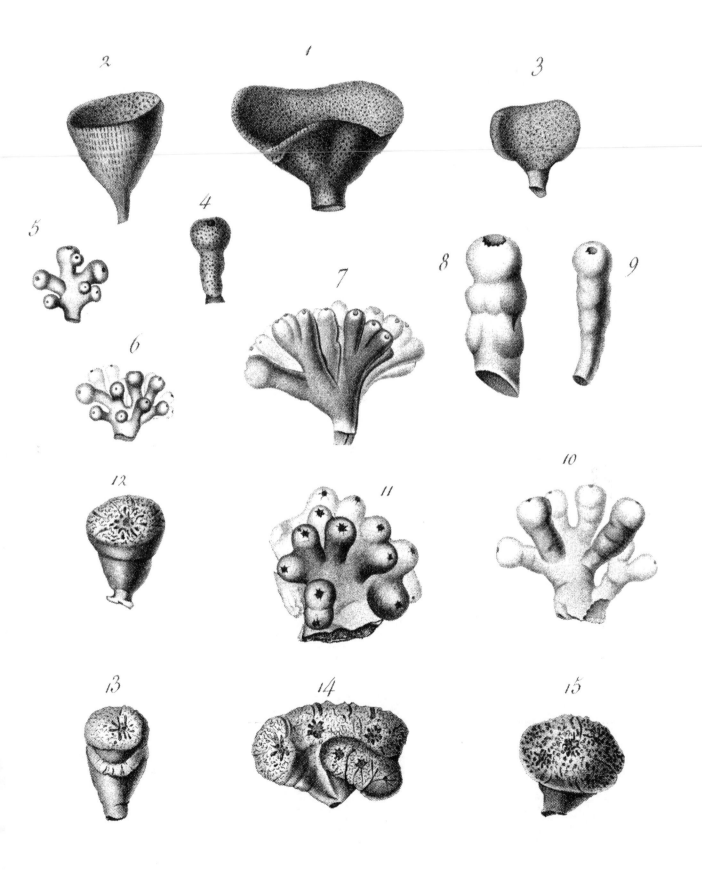

Tab. 84.

Lam.ᵉ del.

Giraud sculp.

Printed in the United States
By Bookmasters